陕西师范大学优秀著作出版基金资助出版

U0261832

海军舰载飞行员黑洞错觉：
理论、实验及应用

——从深度态势感知到混合人工智能

常 明 著

西北工业大学出版社

西 安

【内容简介】 本书由三部分组成,第一部分"黑洞错觉理论:从态势感知到人工智能"中介绍了飞行员的空间定向障碍、进场黑洞错觉、进场时间与空间线索研究等。第二部分"黑洞错觉的行为学机制:从时空线索到双加工模型"对进场启动、进场调整过程进行了介绍,其中包含了众多实验,都是国内鲜有的。第三部分"黑洞错觉实验研究及讨论"对第二部分中介绍的系列实验进行了进一步的讨论,以便帮助读者更好地理解实验过程、内容及原理等。

本书对从事心理学教学与研究的高等院校教师、研究生、本科生及对该领域感兴趣的人员开展研究将有很大帮助。

图书在版编目(CIP)数据

海军舰载飞行员黑洞错觉:理论、实验及应用:从深度态势感知到混合人工智能/常明著. —西安:西北工业大学出版社,2019.12(2023.8 重印)
ISBN 978 - 7 - 5612 - 6651 - 9

Ⅰ.①海…　Ⅱ.①常…　Ⅲ.①舰载飞行-飞行驾驶员-航空心理学-研究　Ⅳ.①V321.3

中国版本图书馆 CIP 数据核字(2019)第 282197 号

HAIJUN JIANZAI FEIXINGYUAN HEIDONG CUOJUE LILUN SHIYAN JI YINGYONG—CONG SHENDU TAISHI GANZHI DAO HUNHE RENGONG ZHINENG

海军舰载飞行员黑洞错觉:理论、实验及应用——从深度态势感知到混合人工智能

责任编辑:胡莉巾	策划编辑:梁　卫	
责任校对:梁　卫	装帧设计:李　飞	

出版发行:西北工业大学出版社
通信地址:西安市友谊西路 127 号　　邮编:710072
电　　话:(029)88491757,88493844
网　　址:www.nwpup.com
印　刷　者:西安五星印刷有限公司
开　　本:787 mm×1 092 mm　　1/16
印　　张:9.625
字　　数:246 千字
版　　次:2019 年 12 月第 1 版　2023 年 8 月第 2 次印刷
定　　价:52.00 元

序①

长吁一口气,随着书稿的最后一个字敲完,窗外大学校园生活的一天伴着晨钟开始。

本书的想法源于12年前本人硕士在读期间。一天早上,恩师游旭群教授叫我去他的住所,早上8点,他拿着《航空心理学》杂志,神色欣喜地说,"你可以研究这个黑洞错觉"。我心中深感不安和惶恐。当时,航空心理学科初建伊始,国内发表的文章不超过5篇,其中2篇还是翻译自2009年的国外作者,我如何做到"无中生有"? 我跌跌撞撞地拿着黑洞错觉的论文回到宿舍,甚至开始想给霍金发邮件。

之后,带着这个问题,我一路硕博连读,成为心理学院第一个硕博连读的学生,又做了博士后,后来到了美国普渡大学(Purdue University)和麻省理工学院(MIT)。在这两个全世界航空工程排名前5的学校里,我开始了对这个问题的新角度研究。

2007 — 2019年,最初的几年间,我的研究文献数据库中满眼尽是英文文献;时至今日,美国联邦航空管理局调查委员会(FAA)的专家居然拿着我的黑洞错觉的中文论文来找我探讨问题。除了对这个问题十几年的研究、积累之外,我深感祖国发展的一日千里。从十年前美国航空心理学会没有华裔,到现在我们成立亚洲航空心理学分会(筹),见证了这一切。能把个人发展融入祖国发展的洪流之中,委实是个人的幸运。

成书期间,为了获得第一手资料,我报考了FAA的飞行员执照(PPL),并顺利获得认证,成为国内航空心理学界首位获得美国FAA认证的飞行员。本书大部分资料和数据也均源于飞行员的第一手信息。

本书成书背景有三:①我国航空业大发展,航空心理学学科茁壮成长。作为陕西师范大学重点建设学科,拥有航空心理学博士点授权。②人工智能、大数据方兴未艾,可以预料,下一次科技革命一定源于人工智能的学科,且一定始发于中国。当然,有悲观的情绪认为心理学科会慢慢消解,我个人认为这倒是一个天赐良机。以往心理学一直用机器模型认知来解释人的心理,而人工智能则是用人的认知过程来训练机器。这两个过程互为补充。长久以来,心理学对象研究多为"人际"心理学,如今便是逐渐过渡到"人机"心理学的好时机。就在书成之时,斯坦福大学"以人为本"人机交互心理学在美国率先建立,并开始从人的角度来审视人工智能。③我国海军的快速发展,成就斐然,但同样存在问题,那就是对"人"尤其是人的心理,重视不够。援引军内一位资深专家的话:我军未来发展的关键问题已经不是技术,而是技术发展太快,操作人员的选拔和培训无法跟上。而航空心理学恰恰就是解决这个矛盾的最佳利器!

本书特点有以下四方面。

(1)发掘学术研究新方向。本书在国内率先将航空心理学中的相关研究应用到舰载机飞行员的选拔和训练中,研究结论有效完善了航空心理学中飞行员情景意识和错觉理论,并发掘

———————————
① 本书获得教育部人文科学工程科技人才培养(项目号:18JDGC024)、中央高校科研专项经费(GK201603123)和陕西师范大学优秀著作出版基金资助。

出了飞行员黑洞错觉的心因性研究,无人机操作员黑洞错觉等全新研究方向。

(2)为国内首部航空心理学黑洞错觉研究专著。本书将为相关科学研究和实际应用提供理论依据,为我国海军航空体系建设提供有力支持。同时,本书作为科普或教材使用,将对培养相关领域后继人才起到积极作用,并对了解相关黑洞错觉研究和激发领域探索有着更加深远的积极意义。

(3)结合了国家级虚拟仿真实验教学项目。本书作为国家级虚拟仿真教学项目"基于航空UAV虚拟/增强显示平台的飞行进场黑洞错觉"的研究成果,将实际飞行角度、移动速度、目标大小、启动时间和距离,以及飞行经验不同所导致的六种进场黑洞错觉整合在无人机地面操作平台,并通过系统模拟错觉的发生过程,从而将内隐特殊的心理机制、前沿技术的高风险、高难度的实验技术转化为形象逼真、综合系统的新型虚拟仿真实验教学资源,突破了传统实验课程的时空屏障,为培养航空心理学专业人才提供了新的学习方式。

(4)为研究团队成果的集中整合。本书成果依托于陕西师范大学心理学院航空心理学研究团队。团队先后承担国家自然科学基金项目,国家社会科学基金项目,民航联合基金项目,教育部哲学社会科学重大攻关项目,中国民航总局、军队委托项目以及校企合作项目等60余项。本书作为研究团队的成果集合,也将对领域探索、科研创新、交叉融合产生更加深远的影响。

成书过程中,首先感谢游旭群教授对我从学术道路伊始到现在十多年的引领和指导,这个学科凝聚了他的兴趣、理想和热血。然后感谢亦师亦友的霍尔曼教授。我与他为了数据去德国宇航中心,也数次在美国会面,他不辞辛苦地为我开拓了一个个新的研究角度。还要感谢美国联邦航空管理局的事故调查委员会专家、美国普渡大学航空航天学院和心理学院的教授——Robert Proctor,Francis,Caldwell。在每周四下午的茶会上,三位教授对我耳提面命,带着学界提携后辈的心态,知无不言且言无不尽。最后感谢美国前海豹特战队飞行员、我的飞行教练Jim Paulson,最后的独立飞行后给我了一个带泪的拥抱,希望中美友谊长存。

此外感谢的是我指导的研究生们。在美国期间,张艺婷、胡博、李开容、黄磊和王孟帆忍着时差带来的不适感,展现着良好的学术研究素养,积极完成书稿的后期勘误工作。

由于水平有限,书中难免出现不妥之处,敬请读者批评指正。

常　明

2019 年 5 月于美国波士顿

麻省理工学院

目　录

第一部分 黑洞错觉理论：
从态势感知到人工智能

2012年11月24日,中国人民解放军飞行员驾驶我国自主研发的歼-15舰载机首次成功降落于航母"辽宁号",滑跃起飞、拦阻着舰等飞行关键技术被我军一举成功突破,受到全世界空前关注。据国外统计资料显示,航母舰载机人因事故中,80%出现在降落阶段。航母舰载机从进入航线、对准中线到着舰这12 s,被称为"最令人恐怖的12 s"。此外进舰最后20 s也是事故多发时间段。即使一艘排水量达10万吨的航母,飞行降落甲板大约有三个标准足球场大小,但这在飞行员飞行视觉中看起来也不过像是一张"邮票"大小。飞行员要将一架重约40 t的加速飞行的舰载机强行降落在一张如同"邮票"大小的航母甲板上,其难度可想而知。

据美军资料显示,从使用航母至今,美国的舰载机飞行员在进场任务中共死亡1 000多名,在20世纪八九十年代就有很大比例的舰载机飞行员死亡(见图0-1)。故而研究舰载机飞行员进场的定向障碍,澄清舰载机飞行员进场时的空间定向障碍的心理机制,控制错觉发生率有着重要的价值,对于航母舰载机飞行员选拔和训练有着极其重要的意义。

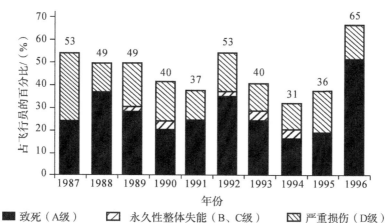

图0-1 1987—1996年美军舰载机飞行员事故分析

第一章　飞行员空间定向障碍

飞行空间定向(spatial orientation in flight)是指飞行员在飞行过程中对地空目标、自身飞行状态、空间位置以及与飞行环境之间的空间关系的识别和判断的一种心理认知过程。从飞行员飞行训练的角度讲,飞行定向不仅表现在对飞行方向的识别上,还包括了飞行员对自身的速度、相对高度以及姿态的判断和控制。因此,它也被认为是飞行能力结构中最核心的要素。由于受人固有的生理和心理资源限制,以及实际飞行环境中不确定因素的增多,往往出现飞行员对输入信息感知和判断错误,从而导致空间定向障碍。应该说,空间定向障碍是一种典型的人因失误(human error),但又是一种人类正常的生理和心理现象。

第一节　飞行员空间定向的特点及其障碍的分类特点

因为人体空间定向系统长时间在二维空间中的运动,使得飞行员在三维空间中较易产生对空间环境的错误认知,即飞行员空间定向障碍。从空间定向障碍通道来分,可将障碍类型分为前庭本体性错觉、前庭视性错觉以及视性错觉;从空间认知水平来分,我们可以将障碍类型分为Ⅰ型(不可认知型)、Ⅱ型(可认知型)和Ⅲ型(不可抵御型)。

一、现代空间飞行定向的特点

空间定向(spatial orientation)是主体准确地感知外部客体的大小、形状及判断自身与外部世界空间关系的认知过程。这一认知过程的核心是解决主体所识别到的是怎样一种客体,以及确定它与主体所存在的空间关系。简单地说,就是回答"是什么"(what)和"在什么位置"(where)两个基本的空间特性问题。飞行员空间定向是以人类视觉、前庭感受器和本体感受器等基本的感觉系统为先决条件,以飞行员对所接收的视觉信息、仪表信息以及前庭和本体信息的整合加工为基础所形成和发展起来的,是人类定向活动的一种特殊形式。其主要特征是伴随着时间维度条件下的四维空间定向方式。随着航空技术的发展,飞行器本身的机动性和人智能性越来越完善,并且海军军航舰载机电子显示设备愈加复杂化,必然引起舰载飞行员产生一系列前所未有的生理和心理问题,也使得现代飞行条件下空间定向具有较以往不同的新特点。

(一)高过载

高过载是由飞机在作变速飞行或者曲线飞行时产生的加速度引起的。在航空工程上,这种加速度和重力加速度之比称为过载。此时飞机座舱内的人体,因受到惯性力的作用会引起一系列生理和心理功能的变化,航空医学将这种惯性力的影响使人体承受的额外负荷称为超重或过荷。其大小以惯性力和人体正常体重之比的倍数来衡量,用 G 值表示。一般正常人在基础状态时的耐受力为(3.5~4.0)G。在飞行中飞机的加速度越大,飞行员承受的超重或过荷也越大。如人体受2G的过荷,就相当于人体受到的惯性力是本身重量的两倍。1973年Gilson等人又提出了超G错觉的概念,即在高G值盘旋等情况下,飞行员由于头动造成的对飞机倾斜角的高估或低估。20世纪90年代,国外学者进一步将其分为两种情况,一种称为瞬态(transient)超G错觉,其情形如该定义所述;另一种称为稳态超G错觉,是属于躯体重力错觉的一种。其共同的特征:一是发生在高G值状态下;二是错觉的方向总在动头的平面。这种情况经常发生在高性能的战斗机上,这是因为飞行员由于各种作业任务的需要,不得不经常动头观察仪表及周围情况。

(二)情境意识丧失

情境意识不仅包含对各种众多分离信息或数据的意识和感知,更重要的是它需要根据操作者在一个高水平的层次建立起对当前情境的理解,并能对系统未来的工作状态作出准确的判断,与人的基本能力、经验和训练水平等个体差异方面的因素直接相关。情境意识丧失(Loss of Situation Awareness,LSA),是指飞行员面对众多复杂的飞行信息而不能或无法对当时的飞行情境作出有效的判断,从而导致丧失决策能力的一种现象。它不仅是近年来民航空难事故的主要因素,也是近年来导致高性能战斗机飞行员空间定向障碍的主要因素。情境意识丧失的发生与人的情境意识水平有着最直接的关系。

二、空间飞行定向障碍的分类

如果人们在运动中失去周围物体作为视觉参照,那么用以保持平衡的感觉信息则是不可靠的。同样,飞行员在飞行中失去视觉参照时就会很快失去对飞机的控制。Gillingham将空间定向障碍定义为,对自己相对于地面的位置和动作的错误感知。任何一种使飞行员丧失维持空间定向视觉参照的条件(如云层、雾、黑暗、地势或没有明显对比的天空,极昼或没有月亮时的水面上空)都能够导致飞行员空间定向障碍。此外,飞行员的空间定向障碍与对飞机的控制以及飞行作业参数的不正确知觉的程度有关,如高度和垂直速度等。鉴于空间定向障碍的危害性和发生的普遍性,一般的航线飞行员会对其误解并且不能很好地应对,因此正确地对飞行空间定向障碍进行分类,对其诊断、预防、克服及"矫正"具有重要的理论和实际意义。但截至目前,对空间定向障碍尚无统一和公认的分类方法。在国际航空心理学界对空间定向障碍进行了简要分类,具体如下。

(一)以空间定向障碍通道分类

(1)前庭本体性错觉。前庭本体性错觉常常发生在受各种加速度(直线加速度、角加速度、科里奥利加速度等)作用时或作用之后。由于前庭本体分析器自身的生理特点、功能障碍或病理变化、视觉功能受限,以及在仪表视觉空间定向系统不牢固或仪表视觉信息减弱等条件下,错误反映空间变化的前庭本体信息一时转化为主导性和支配性的认知而引发的飞行错觉,称为前庭本体性错觉。

(2)前庭视性错觉。前庭本体分析器在受各种加速度作用之中或其后所发送的错误空间信息,不但形成错误的空间知觉,而且表现为飞行员在"视觉"上看到飞机状态或外界环境发生与实际不一致的变化,一般将这一错觉形式称为前庭视性错觉。

（3）视性错觉。我们用以产生空间定向的90％的信息源于视觉。视性错觉的发生主要由于所依赖的视觉信息与其他感觉系统传递的信息不一致时，我们很少会意识到大脑接收到的这些不一致的信息，即视觉功能在飞行因素作用下发生了改变，以及所输入的正确的空间信息不足，以致片面对视觉信息与大脑中已有的空间知觉条件发生了错误匹配。其错觉的表现形式是以视觉为主，如"误低为高""误近为远"等。

这种分类方式的优点是能够较好地反映出空间定向障碍的认知形态性质，但遗憾的是无法反映出认知和中枢活动的性质和特征。

（二）以空间定向障碍认知水平分类

Ⅰ型，又称不可认知型（unrecognized），即飞行员未能觉察出已发生的空间定向障碍，很多学者认为这是由于飞行员情景意识丧失或不足所致。

Ⅱ型，又称可认知型（recognized），即飞行员能够意识到所发生的空间定向障碍，同时体验到与实际空间状态之间的矛盾冲突。

Ⅲ型，又称不可抵御型（incapacitating/uncontrollable overwhelming），或前庭动眼失常型（vestibule ocular disorganization），是指飞行员虽然意识到了所发生的空间定向障碍，但身心失能，失去了对飞机操纵的控制能力。

从空间认知水平上划分空间定向障碍是目前较常见的分类方法，并且这种方法也是外军飞行事故调查的分类标准。它的优点在于强调了信息加工水平在飞行空间定向中的作用，国内的研究者游旭群认为，从目前对空间障碍认识水平来看，把上述两种分类结合起来，以Ⅰ、Ⅱ、Ⅲ三型分类为主，以反映空间定向障碍认知形态性质的分类作为子分类比较实用。

三、空间飞行定向障碍对飞行安全的影响

空间定向障碍是当前影响飞行质量、直接威胁飞行安全的主要因素。全世界每年都有很多起因定向障碍而导致机毁人亡事故的报道。2004年，美国海军首次向大众公布了一篇有关空间定向障碍的报道：1997—2002年，22起飞行事故导致23人死亡，损失达47.5亿美元。对美国空军（USAF）从1990—2004年所有的空难进行分析发现，在所有的恶性事故中，11％由空间定向障碍所致。其中空间定向障碍所致的夜间事故占23％。1997年，USAF一架C-130飞机夜间视觉飞行时坠毁于Aljaber机场距离跑道881 m处，导致3人死亡。2001年，一架货机在夜间视觉飞行中坠毁在距离跑道8.3 km的空地上，致使3人死亡。2002年，一架联邦快递的波音727飞机，在日出之前撞在了树上，坠毁在Tallahassee Regional机场，导致三名机组人员重伤，飞机损毁。同年，对2 582名USFA飞行员进行调查研究发现，他们有37次空间定向障碍的经历。2006年5月的一起事故中，一架两座的F-16战斗机飞入离地6 m，离预期跑道0.9 km的位置。

虽然民用航空中，空间定向障碍在飞行事故中所占的比例不如军航那么高，但是其危害程度和所导致的后果却十分严重。如1974年发生于美国Somoa，PagoPago国际机场的恶性民航事故，导致105人遇难。可控撞地（CFIT）已经成为造成民航飞行事故的重要因素。从对如图1-1所示的民航飞行事故统计分析中可以充分地说明这一点。

从图1-1中可以看到，1988—1997年全世界民航平均每年发生恶性飞行事故49起，年平均死亡人数为1 243人，并以1996年的死亡人数最高，达1 840人。特别需要指出的是

1992 年和 1997 年的恶性事故发生数均要少于 1988 年，但飞行事故导致的死亡人数远高于 1988 年。1992 年发生 CFIT 恶性飞行事故 7 起，死亡近 500 人；1997 年情况更糟，仅发生 CFIT 事故四起，但死亡人数却高达 600 多人。结合图 1-1(b) 中的结果，以 1997 年的总飞行事故数和死亡人数为例，可以发现尽管 CFIT 占总飞行事故比例不高，但所导致的死亡人数却占到当年飞行事故死亡率的 48.8%，可见 CFIT 对飞行安全的危害程度。同时这也是全世界民航事故死亡人数近年来有所增长的主要原因，已引起了各国航空界人士的普遍关注。

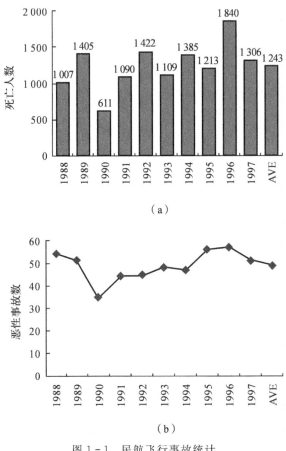

（a）

（b）

图 1-1　民航飞行事故统计

　　另外，数据统计显示，1990—1999 年由空间定向障碍导致的飞行事故共 271 起。其中 244 起为恶性事故，占 90%。从图 1-2 中可以看出这些事故共分为三类：由 VFR（Visual Flight Rules，目视飞行规则）飞行转入 IMC（Instrument Meteorological Condition，仪表气象象线）飞行时的事故、VFR 条件下的事故，以及 IMC 中采用仪表飞行时的事故。其中由 VFR 飞行转入 IMC 飞行是空间定向障碍的首要因素，它至少有 157 起，VFR 型飞行员 135 人，仪表飞行员 22 人。当在雾中、夜晚或在水面上飞行时，由于没有视觉参照物，VFR 飞行也会产生空间定向障碍。并且没有月亮的夜间在水面上飞行时，就类似于转入 IMC 飞行。20 世纪 90 年代的飞行事故至少有 37 起由 VFR 气象造成，有 34 起发生在夜间。1990—1999 年有 48 名飞行员由于真空系统故障、仪表故障或由两种故障共同作用产生了空间定向障碍。由此可见，空间障碍对飞行安全的影响至关重要，如何有效克服和减少空间定向障碍已经成为航空心理学刻不容缓的研究任务。

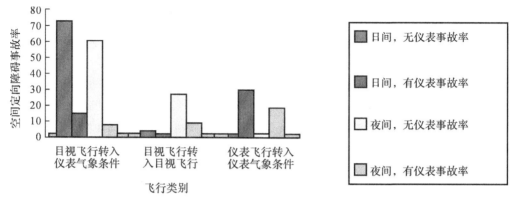

图 1-2　空间定向障碍导致的飞行事故类型

飞行视窗：航空心理学的发展简史

探寻一个学科的前世今生，我们不免会对学科的诞生产生好奇，并且希望通过历史的记载来了解在那个时代的那些故事，或许还能得到更深的反思。我们通过牛顿探寻现代物理的发展，我们通过达尔文知晓进化的奥秘，我们通过冯特推开了近代实验心理学的大门，但对于航空心理学呢？我们似乎很难找到一个所谓的"学科奠基人"。但在探索这一切的伊始，人们总会想到第一次世界大战期间的飞行员心理选拔问题。而随着战争与科技的发展，人们对于航空飞行领域的诸多问题展开了大量的研究与思考，其中包括飞行器设计中的人为因素、模拟训练与实际飞行的转变过程、飞行任务分析、安全驾驶以及飞行员的心理健康等。这些具有开拓性的研究工作在飞行安全中起到了重要的指导作用，且繁多的科研成果也慢慢推动了学科的诞生，奠定了航空心理学的理论基础。时至今日，航空心理学的理论形式与研究方向变得更加多元化，逐步且正在以全新的观点和研究成果显著地影响着航空交通运输业的安全状况。那么接下来就以第一次世界大战（以下简称"一战"）为起始点，来回顾百余年的航空心理学的发展进程。

1. 德国

1915 年，德国建立了最早的军队心理测验中心，旨在通过科学测量研究选拔适合汽车运输的驾驶员。一战期间，这种测验技术被用来选拔飞行员、声音检测器操作员以及高射炮手等职业，之后该测验中心的研究方向转投飞行设备性能的研究，尤其是飞行控制、仪表显示和高度、重力、噪声、气候等环境因素对驾驶员产生的影响。1920 年，德国战时开始宣布发展军事心理学，到 20 年代末，相继建立了心理检测系统和完善的选拔程序，至 1927 年，所有军队培训人员均有心理检查，而一直沿用至 1942 年的德国空军成套测验系统也是因此而产生的。

2. 美国

1917 年，美国军事部门开始研究影响飞行员的生理因素，长岛黑泽尔赫斯特实验场（Hazel-Hurst Field）的心理学分室 M.K.邓普拉研发了一系列心理测验来预测预备飞行员的高空飞行应变能力。1921 年，贝格尔通过采用亨德森呼吸器模拟的高空环境实验，针对感觉、注意和记忆等相关要素进行测验研究，最终发展为航校学员的标准化测验。1939年，美国航空心理学研究联合委员会成立，推动了美国地区航空心理学研究的开展。

3. 其他国家

战时的其他国家也随德国与美国的脚步开展各自军事航空心理学的相关研究工作。

意大利的吉尤塞等人在实验室对不同飞行表现的飞行员进行比较、分析后发现，在注意力、心理运动和控制情绪反应等方面，优秀飞行员要比一般和较差的飞行员成绩好很多。

法国研究人员主要关注反应时与情绪稳定性，虽然采用的实验方法与意大利研究者的类似，但创新处在于将反应时测验同情绪稳定性测验相结合，并有效得出五类航空预备人员等级分类。两类为淘汰，其中一类是因为反应时异常太大，情绪反应太过强烈；另外一类则是由于反应时起伏且不稳定，情绪反应不过激。

1934年英国瓦利特尔发表的《论汽车和飞机航行心理学》一文，较为系统地论述了航空心理学的相关问题，更加关注影响高空飞行的相关因素和动作协调性两方面，较多地采用了生理指标测量。

第二次世界大战（以下简称"二战"）及战后航空心理学的发展如下。

二战期间，英国剑桥大学、德国慕尼黑航空科学研究所均针对人类心理活动与飞行设备的相关联系进行了大量研究。美国则开展了一项陆军航空队航空心理学研究项目，150多位心理学家、1 400多位相关心理学背景的人才参与到该项目中，成功助推了项目的进展。战后，相关研究在选拔飞行员方面几近完美。同时，研究项目本身除了选拔与分类外，还涉及训练和特定情境的研究。战后，成套的研究结果总结到19卷的《蓝皮书》系列文献中。其中《仪器测验》《对培训飞行员的心理学研究》《一起设计的心理学研究》等发展为航空心理学的重要研究文献。

二战后，由于局势仍旧不稳定以及民航事业的发展飞速，仍需推动航空心理学的研究。1945年，美国俄亥俄州立大学建立航空学院中西部航空心理学研究所。1949年建立航空心理学实验室，并在50年代后转向民航心理学研究。期间产出了许多高质量的研究论文，包括《人的结构对飞机结构的影响》(1946)，《心理学指南》(1946—1948)，《有效的海空相交通控制系统的人类工程》(1951)，《不可思议的7±2对我们的信息加工能力的若干限制》(1951)，《飞行员心理学》(1954)，《航空学研究专集》(1971)和《航空心理学》(1980)等。

目前，航空心理学研究现状及发展趋势如下。

随着自动化微电子技术的飞速发展，影响航空安全的主要因素早已从硬件技术原因转变为人为因素，高精尖的航空飞行系统和操作员的有效控制成为各个国家的研究焦点。认知心理学与微电子技术的飞速发展为现代航空控制体系的发展注入了新的活力，最近十年来自动化无人机系统的发展也为航空安全问题的解决带来了新的思路，对于无人机系统、有人机-无人机组合系统的航空心理学研究也应运而生。

经过百余年的发展历程，航空心理学已经取得了不错的成绩，丰富的研究成果助推了航空领域的不断发展，情景意识、态势感知、人机工效等的研究也正如火如荼地影响着当今航空领域的发展方向，人工智能、无人机等新兴元素的研发，也将在当下与未来更深层次地影响着航空事业、航空心理学的发展。

第二节　空间定向的感觉系统特点

一、视觉定向系统

视觉系统可以分为两类，即聚焦视觉系统（focal subsystem）和外周视觉系统（ambient subsystem）。外周视觉系统拥有整个视野，而相应的聚焦视觉系统只从中央视觉获得信息。外周视觉系统与空间定向有关，而聚焦视觉系统更多地用于知觉客体和外部事件。整个外部视野用于空间定向知觉并且不需要占用注意资源。而空间定向信息也主要源于外周视觉系统。视觉信息（visual information）是人们从事定向的活动中最重要、最具有决定性作用的信息。人们在日常生活中，所接受的信息有80％来自于视觉。不仅如此，在飞行定向过程，来自其他感觉通道的信息及其主观感觉均可以视觉的形式反映。因此，视觉定向系统在实际的飞行定向中具有十分重要的地位，但是视觉也是比较容易产生错觉的，并且在加工和解释人们所见的视物时易出错，这些则会导致空间定向障碍。

（一）视野的影响

良好的视敏度是空间定向的必要前提，而视野的大小（特别是在飞行中），与空间定向有直接关系。在飞行中发现目标和判断方位，视野起着重要的作用。与临床医学的视野概念不同的是，空中的视野概念不仅包括眼球固定时所能看到的空间范围，还包括眼球最大运动时以及头及眼球联合运动时所能看到的空间范围。眼球运动是视觉定向中最重要的辅助方式。实际飞行中的视野大小主要取决于座舱视野的大小与飞行员的注意范围。机种不同，座舱视野大小不同，飞行员视野也会有所不同。

（二）空中视认与距离判断

一般来说，观察运动着的物体，要比观察静止物体时的视力低。被观察物体的速度愈大、视力愈低。当被观察物体运动过慢或过快，即超出感觉阈限范围时，就不能形成运动知觉。物体以 1～2(′)/s 以下的角速度进行运动，则知觉不到物体运动；若物体只移动相当于 50′ 视角的距离，人就知觉不到发生了位移。同样，物体以 50(°)/s 以上的角速度进行运动，人运动知觉的能力也会急剧下降。若是自身和物体的相对运动速度等于零时，则不会产生运动知觉。但如果是作相向运动，人则会感到速度增大。物体从匀速运动变为加速运动或减速运动时，若要人通过视觉感知到有速度增减的变化，则物体需至少比原来的速度增减 1/10 左右。另外，观察速度还受视野的大小、视野的复杂程度和物体运动方法等的影响。例如，不同方向的运动在物理上虽然是等速的，但人感知垂直运动速度要比水平运动速度快。

空间视觉定向的最重要方式是目测。距离判断要根据物理和生理线索。物理线索有物体的大小、形状、亮度、色彩、物体重叠等。生理线索有晶体的调节、两眼的辐辏、视网膜上映像的大小、双眼视差、运动视差及视角大小等。

根据飞行时高度的大小与距离的远近，在进行距离判断时所依赖的线索也有所不同：飞行高度低，相对运动速度、清晰度、双眼辐辏、晶体调节、双眼视差等线索起主要作用；对远距离判断，则主要依赖于物体在视网膜上映像的大小、运动视差、视角大小、亮度、色彩、物体重叠等线索。对于体积大、形状清晰、亮度高、色彩鲜明、运动快的物体，一般认为是相对较近的，反之，则认为相对较远。上述线索受气象条件和环境特点的影响较大。距离判断同飞行经验也有密切关系，因此，中等距离的判断有时会出现明显的误差。

在低空大速度飞行时，由于飞行速度大，与地面很接近，机身和其他部件等遮蔽飞机下方和前方的部分地区形成盲区，导致对地面的观察范围缩小。在此种条件下飞行，飞行人员心理负荷很大，加之飞行时间的限制使发现目标的困难程度增大。由于速度大、高度低，看地面目标时，目标常常连成一片，融合为一体，难以分清。有时还会发生视野辨认错误，如将一门大炮看成是一排大炮。同时，由于距离、时间和目标大小之间的相互关系异常，会引起人的知觉发生变化，目标看起来比在同一高度上以小速度飞行时要小。在这种飞行条件下，以目测方法判断高度虽然是必要的，但又是十分困难的。研究表明，飞行员在头几次飞行中，目测高度误差可达 $50\% \sim 100\%$，而且它随着高度的下降和速度的加快而增大。经过反复练习，判断高度的误差可以减小到 $\pm 10\%$。

高空飞行时，随着高度升高，感知条件变得越来越复杂。高空中的光线分布常常与地面上所习惯的上明下暗的光线分布相反，致使阅读仪表发生困难。强烈的阳光和明暗对比过大，能破坏眼睛的适应性，使视觉感知更加困难。有人认为，在 40km 以上的高度上飞行，采用目前玻璃表面的认读仪表指示实际上是不可能的，为了保证正常的感知，必须采取专门的设施。在高空中，虽然视野开阔，但由于人的视野内没有足以刺激眼的调节机制的方位物，会产生相对近视，使搜索目标和发现目标发生困难。随着飞行高度的升高，对地面的感知也会发生变化。此时地面看起来与在普通高度上飞行时有所不同，前者更接近于地图。如在一定高度上飞行，飞行员有时将绿色的草原看成了灰黑色。

二、前庭定向系统

人体平衡的维持有赖于前庭系统、视觉系统和本体感觉系统。前庭系统是仅次于视觉系统的第二大定位系统，也称作肌肉运动感觉系统，由运动和重力感官组成。它位于内耳（见图1-3）中，向大脑提供用以保持平衡的前庭信息，其外周部分包括前庭感受器、前庭神经节以及前庭神经；中枢部分包括前庭神经核、与之有关的传导束及前庭皮层中枢。上行和下行的传导束将前庭神经核与小脑、脊髓、网状结构、司眼肌运动的诸对脑神经核等联系起来。它们的共同活动产生前庭觉。

一般情况下，来自视觉感受器的信息与来自前庭感受器的信息是协调一致的。因而很少发生定向错误。一旦离开地面，在三维空间进行飞行活动时，人所受到的就不仅仅是重力作用，还有由各种加速度引起的惯性力的作用。前庭感受器、本体感受器及压力感受器不能区分重力和其他力的作用，只能感受重力加速度引起的惯性力的合力作用。因此靠这种感受获得的信息是不准确的，有时会与视觉信息发生矛盾。若在能见度良好的昼间陆上飞行时，将起主导作用的视觉与起辅助作用的前庭觉和本体觉相结合，能做出正确的定向。但是，若在复杂气象条件下飞行，仪表视觉一时不能成为空间定向的主导感觉时，前庭、本体感受器输入的信息就容易占主导地位，而此时的这些感觉信息往往是不准确的。如果感知错误，就会导致定向错误。

根据形态和功能可将前庭感受器分为半规管感受器（semicircular canals）和耳石器

(otolith organs)两个组成部分。

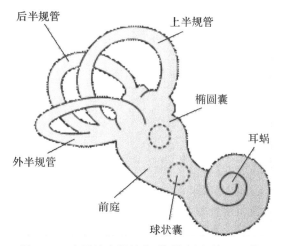

图 1-3 人耳的内部结构(资料来源:维基百科)

(一)半规管感受器

半规管感受器能对人在地面上正常生活时所进行的头动形式,如走、跑、跳及头的快速运动中头部中所产生的快速角加速度变化提供准确的信息,做出准确的反映。头部左右两侧各有三个半规管,每一个半规管有一个膨大的壶腹,壶腹内有前庭神经分支进入而隆起成嵴,其上分布有毛细胞和支持细胞。毛细胞的长纤毛呈束状,被胶状质覆盖,即胶顶,胶顶的末端紧贴对侧壁。当内淋巴液流动时,可使壶腹嵴胶顶发生偏移。毛细胞的兴奋性取决于胶顶的偏移程度与方向。半规管感受器的适宜刺激是角加速度。每个半规管壶腹嵴的感觉细胞,在该半规管处于旋转平面内时,受到的角加速度刺激最大。由于身体每侧的三个半规管之间大致构成直角,因此,任何平面的角加速度至少会刺激两个半规管的感受细胞。

当头部做旋转运动,使半规管获得角加速度时,内淋巴液由于惯性,一时赶不上半规管的运动速度,向相反方向流动冲击,使壶腹嵴胶顶发生偏移,刺激毛细胞,信息传入中枢,产生旋转的感觉。经过一段时间以后,半规管以恒定的角速度运动,内淋巴液赶上了半规管的旋转速度,不再起反作用,壶腹嵴胶顶呈指数缺陷缓慢地恢复到静止位置,旋转感觉就会逐渐减弱以至消失。当半规管从恒定的角速度变为角减速度运动时,内淋巴液在一段时间内仍沿旋转方向流动,又冲击壶腹嵴胶顶,使之偏移,产生逆旋转方向旋转的错误知觉。

不同的头动速度下半规管感受器提供的信息是不一样的。当头转动的频率为 0.5～5.0 Hz,角加速度作用时间在 2 s 以内时,内淋巴液移动的角度与壶腹嵴胶顶偏移角度相一致,半规管感受器所发放的信号与头部运动的角加速度紧密地相匹配,对头的这种角速度能够准确地加以反映。半规管对角加速度感受到的生理阈值,由于个体差异很大以及测量时所用条件不同,目前尚无统一常值。各轴上的阈值大致在 $0.035～8.2(°)/s^2$ 范围之内,平均值为 $0.5(°)/s^2$。但当旋转速率持续、稳定几秒钟或当旋转速率以一稳定速率增加或减小时,则半规管感受器可能提供错误的信息。如在飞行中做横滚、螺旋、盘旋、筋斗等特技动作时,皆可出现这种情况。

前庭器官的阈上刺激,不仅使人产生旋转感觉,而且也能引起眼球的代偿性运动,即半规管-眼动反射。此反射的作用在于,当头部以一定限度的角减速度运动时,稳定所要注视的物体于视网膜的一定部位，以便看清。所以当头转动时，眼球就向反射的逆头动方向运动。反之，如果眼球即视线随头一起向同一方向运动，则物像也在视网膜上运动，视力就会严重下降。在正常情况下，头部运动与前庭-眼动反射是协调一致的，这就保证了人在走路、跑步或通常动荡的地面环境中能够看清楚外界物体。在飞行活动中，由于角减速度值较大，所引起的前庭性眼震较明显，但在一般情况下，可因固视物体而被抑制住。若角减速度超过一定限度，固视不再发挥作用，眼球震颤即会发生，此时飞行人员就会感到座舱内外的物体发生跳到性运动，物体模糊不清，严重者可影响飞行。

（二）耳石

椭圆囊和球囊位于前庭中，各有由支持细胞和毛细胞所组成的位觉斑。毛细胞上反复覆盖着一层胶状物，称耳石膜。其上散布有由碳酸钙、中性多糖和蛋白质混合而成的结晶，称耳石。其密度约三倍于椭圆囊和球囊内的内淋巴液，所以，当头位相对于重力变化时，毛细胞发生弯曲变形，放电频率发生变化，产生空间位置觉。由此，毛细胞既反映头相对于重力垂直线的位置，也反映头受直线加速度及径向加速度作用的变化过程。头位于正常直立位时椭圆囊斑大致处于水平位，而球囊斑处于垂直水平内。耳石的这种排列位置，使大脑能够感受到任何方向上的直线角速度刺激。

人不论是在地面还是在飞行中，重力总是持续的作用在人体的耳石器上。当身体的垂直轴和重力作用线一致时，人就会感到自身是垂直于地面的；若身体的垂直轴与重力作用线成一定角度（除 $90°$ 外），则会感到身体发生倾斜。在地面，视觉信息和其他感受器所获得的信息与来自耳石器的信息是协调一致的，一般不会发生空间位置错觉。但是当飞机作直线加速度运动时，人同时受到重力与惯性力的作用。两种力同时作用于耳石器，人体只能感受到两种力的合力作用，而不能加以区分。如果这种合力的方向与飞行员的自身垂直轴相平行，飞行员就会感到身体垂直于地面；如果合力方向与自身垂直轴成一定角度，飞行员就会感到自身有倾斜或俯仰。当合力方向与重力垂直线之间的夹角小于 $50°$ 时，人所知觉的倾斜的角度与实际角度的大小基本相符；当合力方向与重力垂直线之间的夹角大于 $50°$ 时，人所知觉的倾斜角度通常超过实际角度。

直线加速度作用于耳石器还可以引起耳石器-眼动反射。这种眼动虽说也是代偿性的，但与刺激匹配的准确性不及半规管-眼动反射。当直线加速度刺激恒定时，如头向一侧倾斜，可以观察到眼球持续的偏离其原来的位置。这种持续型的眼动出现在预计的补偿方向，但其偏移的幅度只有头偏移角度的 $5\%\sim10\%$。

三、本体定向系统

本体定向系统由本体感受器和触压感受器所组成。物体与皮肤接触时，引起触压的感觉，实际刺激不是压力本身，而是压力梯度使末梢器官变形。引起触觉的末梢，在有毛区域有游离神经末梢，在无毛区域有位于真皮的触觉小体，以及皮下组织和更深结构中的帕氏环层小体。身体受到加速度作用，会引起皮肤表面负荷的变化，或引起皮肤的切向移位，从而形成运动信息。由此可知，压觉不仅参与位置觉的形成，也参与运动觉的形成。压力感觉的强度依赖于皮肤发生变形的速度，在同样压力下，变形速度越快，感觉强度越大。

在肌肉、肌腱、关节中的感觉末梢器官有肌梭、腱梭、帕氏环层小体等。肌肉、肌腱、关节的感受器成为一组，感受肌肉的主动收缩、被动拉长，以及被动拉长或主动收缩时的张力。在肌肉里的感受器只有在肌肉拉长时才兴奋；而分布在肌腱里的感受器则只有在肌腱收缩时才兴奋。这样的分工保证了运动信息的相互修正和精细分工。肌肉的感受性是感受肌肉变形量，关节的感受性是感受临近关节的相互位置，肌肉和关节感受性均感受人体及其各器官运动的强度、速度、持续时间、幅度、途径等。

在维持身体平衡的过程中，由于身体姿势的不同，在足底部、臀部皮肤的机械感受器也感受到了在这一区域的一定压力。长期不断的定向，强化了这些信号的作用，也形成了身体姿态的定向信息。飞行中由惯性力和重力所形成的合力，作用于飞行员的臀部和背部皮肤而产生的自身垂直感，是垂直于飞机的座舱底板的，而不一定垂直于地面。如果飞行员建立起座舱底板和座椅都垂直于重力而平行于地面的习惯定向的话，将会导致各种与视觉飞行状态不符的知觉。

飞行空间定向是由完整的空间定向机能系统完成的。在形成空间知觉的过程中，各种感觉相互对照、相互补偿、相互制约。在这一过程中，视知觉起着最重要的作用。虽然前庭器官对飞行加速度是敏感的，但其结构功能特点的限制，导致了它的不可靠性。因此，在视觉受限制或减弱的条件下，飞行员单凭前庭觉是不可能做出准确的空间定向的。本体觉和触压觉在飞行中都参与位置觉和运动觉的形式，若主要依靠它们，同样也不能做出准确的空间定向。值得一提的是，尽管前庭、本体感受器有时不能发出准确的信息，但至少能发出某种飞机状态变化的信号，促使飞行员及时注意仪表的指示，正确操纵飞机。

飞行视窗：飞行员前庭功能训练

位于耳内的前庭系统为仅次于视觉系统的第二大定位系统，对于高性能战斗机飞行员而言，前庭功能的完整性与卓越性十分重要。相比于常人，飞行员具有更好的前庭功能，能在更加艰巨的空中定向条件下辨别方向。前庭系统功能较差的人一般容易晕机，即便如此，高性能飞行员这一群体中也存在前庭系统功能差异。航空医学中将飞行员的前庭功能稳定性分为A、B、C、D、E、F 6个等级。A、B级飞行员其前庭功能很好，不需要额外的前庭功能训练；划分为C级的飞行员只需做主动性锻炼；D、E级飞行员必须要接受前庭功能性训练；被划分为F级的飞行员则需要接受专业的治疗。

如何针对前庭功能进行训练呢？近十年来，我军进行前庭功能训练的基础形式为利用地面VTS－0型电动转椅等，进行转速由慢到快的适应性训练，即脱敏过程。到受训飞行员初步展现Ⅰ度前庭自主神经反应，或受训者主动要求为止。这样在不打击飞行员自信心的同时逐步强化训练，将有效提高飞行员的前庭功能稳定性。黄炜等人在针对D、E级飞行员恢复训练的观察研究中也证实了这一点，即通过一定时期的重复性功能训练，飞行员的前庭功能得到显著性的改善。

此外，美国联邦航空局（Federal Aviation Administration，FAA）还安排有针对民航飞行员的地面机舱模拟训练课程，在为期一天的课程内，受训学员将在地面安全的模拟仓环境中接受来自生理与心理上的压力，训练科目包括空间定向障碍、缺氧环境、气体限制以及减压病应对等。同时，在FAA制定的相关说明书中还对如何预防空间定向障碍进行了相关描述：①尽量找机会在巴拉尼椅（Barany chair）、眩晕器（Vertigon）、陀螺仪（GYRO）或虚拟现实模拟器中经历一次空间定向障碍；②在进行能见度小于 3 mi [1 mi（英里）＝1.609 km] 的飞行任务前，通过指导手册熟悉掌握相关飞行器控制流程；③在进行夜间飞行或视野被剥夺的飞行任务中，使用仪表飞行规则；④如果仅有资格进行目视规则飞行，不要去尝试在有可能被困进恶劣天气时使用目视飞行；⑤如果在飞行时你受到了前庭错觉，相信仪表，不要相信自己的感官。

谢溯江等人在针对高性能飞行员前庭功能选拔鉴定训练方法的研究中表示，在未来需建立更加快速、简便、易耐受的前庭功能筛选方法和更加全面的前庭功能评估方法，提高飞行学员的前庭功能审查标准，通过选拔、训练、复查的体系进一步减少因前庭功能导致的威胁航空飞行安全的事件。

第三节　空间定向的认知系统

空间定向的认知系统，是给予对各种感觉信息的识别、分析及整合，从而做出对空间关系判断的决策系统。

一、空间定向的认知心理学理论

在 20 世纪 50 年代末，随着计算机科学和信息科学的迅速发展，形成了认知主义的理论思潮。1967 年，奈瑟（Neisser）出版了名为《认知心理学》的专著，标志着认知心理学的确立。认知心理学以新的理论观点和丰富的实验成果对许多心理学分支，以及航天航空心理学的发展有明显的影响。从信息加工角度来说，有两个与空间定向有关的认知模型受到广泛关注。

（一）空间定向的相关信息加工模型

1. Weiner 和 Nagel 的四阶段信息加工模型

Weiner 和 Nagel 认为，同人类其他认知过程一样，空间定向过程也是通过四个信息加工阶段实现的。首先，各种特征刺激进入各个感受器并得以暂时贮存，即短时感觉贮存（short-term sensory store）阶段。其次，这些被贮存的刺激特征经过模式识别（pattern recognition）阶段的整合作用，从而被赋予具有一定意义且被确认了的一系列要素。再次，一个关于如何对这些信息（要素）进行反应的决策过程在这一阶段完成，即决策引出一个对应的安排和执行，即进入反应执行（decision and response selection）阶段。最后，这一决策引出一个对应的安排和执行，即进入反应执行（response execution）阶段。需要指出的是，后三个阶段的加工活动效率受个体注意和记忆资源量的制约。整个加工阶段还包括一个反馈环，以便能够实时反应得到有效的监控和调节（见图 1-4）。

2. Norman 的信息加工模型

人与计算机的类比是认知心理学或信息加工心理学的理论核心之一。这一观点同时也受到了许多批评。这些批评意见以 Norman 为代表。Norman 提出了一个以调节系统为主体的人的信息系统的结构，如图 1-5 所示。

这表明在未来的飞行空间定向活动中，再先进的定位系统也只不过是空间定向环节中的一个辅助系统，飞行员依然是这个定向系统的主体。

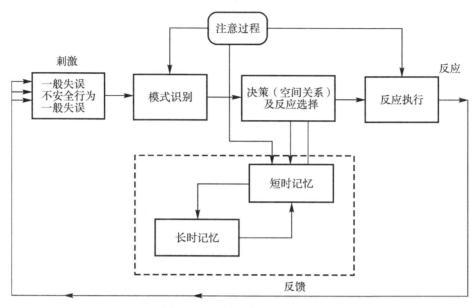

图 1-4　四阶段信息加工模型

资料来源:WIENER，NAGEL. Human Factors in Aviation[M]. New York：Academic Press,1988.

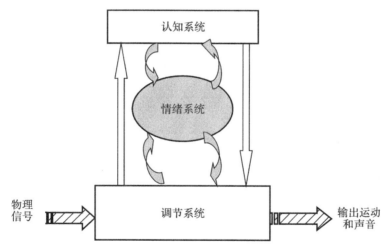

图 1-5　人的信息加工系统

资料来源:Rumelhart D E，Norman,D A. Analogical

processes in learning. Cognitives kills and their acquisition，1981：335-359.

(二)场依存-场独立性理论

威特金(H.A.Witikin)提出认知方式的一个主要方面是场依存-独立性特征(field depend-ence-independence)。鉴于某些场依存-场独立性任务(如棒框和镶嵌图形测验)具有十分突出的空间因素,因此在一定意义上它也是个体空间智能水平的反映。因素分析的研究表明,空间能力测验和场依存-独立性测验一起出现在一个类似于空间定向的因素负荷上(Gardner；

Hyde,Geiringer,Yen），并且随着空间能力性别差异的消除，场依存性上的性别差异也消失了（Hyde 等）。场独立性水平是随着个体心理的发生、发展而逐步提高的。这其中有先天的生物因素，同时后天的社会实践对个体场独立性水平的发展也具有重要影响。场依存-场独立性理论的核心是个体如何选择参照系来反映外界环境特征，这对于探索和评定各种错觉发生的机制和水平具有重要的理论和实践意义。这是因为，尽管许多错觉内部的发生机制有所不同，但其最终多是以视觉形式来表现的。这为进一步探索空间定向认知加工机制提供了条件。

二、空间定向的认知神经心理学理论

脑功能分化（lateralization of brain function），又称为脑功能的非对称性（asymmetry in brain function），于 20 世纪六七十年代诞生。这种基于大脑半球认知功能分化理论的认知神经心理学理论盛行于 20 世纪 80 年代，并在航空心理学领域中得到广泛关注。

"认知特征"（cognitive profile）是 H.Gordon 根据大脑半球功能差异的理论提出的，国内学者（游旭群）也进一步指出，个体在两种特殊认知功能（言语功能和空间功能）上存在的相对差异性。H.Gordon 编制了一套能够评价大脑言语和空间两种主要功能的认知侧化成套测验（Cognitive Laterality Battery,CLB）。CLB 由空间认知测验（因素 A）和言语连续性测验（因素 P）构成，因而个体在这两个测验上得分的差异便可反映出其认知特征的状况。认知特征商数（$CLQ=A-P$）和认知成绩商数（$CPQ=A+P/2$）是该测验中的两个重要的指标。Gordon 等人运用 CLB 对不同机中飞行员的认知特征进行研究之后发现，歼（强）击机飞行员在空间认知特征方向显示优势，而直升机驾驶员却表现出两半球功能均势的特征。为了进一步阐明认知特征和技术停飞率之间的关系，Gordon 分析了美国海军航校 600 名队员的认知特征与其成功率间的关系，得出视觉空间认知分每增大一个标准差，飞行毕业的可能性就会增大两倍的结论。

国内航空心理学家游旭群认为，与感觉意义上的视觉加工相反，以表象为核心的视觉加工不仅与大脑的特异性功能相关，而且还涉及视觉再认、空间定位和定向、轨迹追踪以及表象转换等高级的空间认知加工过程。

三、空间定向障碍与人因失误模型

从现代人因学与航空安全的角度分析，飞行空间定向障碍无疑是一种典型的人的失误（human error）。所谓人的失误，是指个体或团体的判断、决策及行为结果偏离了规定行为的标准，从而导致预定目标无法实现的心理现象。需要明确的是，由于受人固有的生理和心理特点的限制，人类在行为过程中常会出现这样或那样的错误。就个体而言，个体的失误可以说是在所难免的。正因为如此，人的失误在国际上也被认为是一种正常的生理和心理现象。近年来许多学者投入了大量的精力来探讨人因失误产生的内部机制以及相应的预防措施，许多重要的人因模型得以建立并开始逐渐应用于航空人因事故分析及对飞行人员实施的人因训练项目中。对于人的失误的深刻揭示，包括空间定向障碍在内的飞行作业偏差的内在成因，可以提高飞行员操作行为的可靠性，促进航空安全水平的进一步提高。

（一）Reason 等的人因失误模型

Reason 在对人的失误成因进行大量实证性分析的基础上，提出了导致人们行为失败的人的失误模型。在该模型（见图 1-6）中，Reason 把人的不安全行为分为有意性和无意性两种类型的操作行为。在这里需要加以说明的是，所谓无意或有意并非指失误行为本身是由人有意或无意产生的（因为人通常在高风险工作环境中总是会设法避免出现任何差错）。其本身的含义是指在个体操作行为和决策中所表现出的意识水平是否具有明确的目的性。在无意操作行为中又有两种差错的表现形式，即注意性失误和记忆性失误。相反，在有意识性的操作行为中同样存在着两种影响或危及飞行操作质量及安全的差错行为，即规则、程序执行差错和违规操作差错。规则或程序执行差错（mistake for execution of rules or procedures），是指对已经掌握规则或程序的错误执行或不恰当的使用。从本质上讲，它属于一种规则性失误或知识性失误。而违反操作规则的错误，同前面所指出的三种基本错误类型（注意性失误、记忆性失误和规则性或知识性失误）相类似，是飞行人员漠视操作规则和安全规定的产物，其本质上是个体习惯化了的行为系统中的一个组成部分，被国外界航空安全界人士称为"一种最危险的态度和行为"。一般我们着重讨论的是三种人的失误类型与空间定向障碍产生的机制问题，而后一个问题则需在航空心理学中人的训练项目中有关"飞行危险态度与行为矫正"的训练模块中加以解决。

对许多人因空间定向障碍引起的飞行事故或事故征候的分析可以较好地证明 Reason 的三种典型的人的失误模型的合理性。例如，1978 年某部队一名飞行员作飞航性练习时，只顾观察出航需检查的灯光，但却忽视了对仪表的观察，结果对正出航点后，飞机触地。另一名某部飞行员在完成训练科目后返航时，因有低云遮挡，看不清跑道。由于急于寻找跑道，忽视了状态保持，不自觉地降低了高度，结果撞到机场背面的山上。这两起飞行事故的成因均属于典型的注意性失误。同样，由记忆性失误所引发的飞行事故也屡见不鲜，"错""忘""漏"在一定程度上均可被视作是记忆性失误的具体表现形式。在对由空军飞行人员的失误所致的 380 例飞行事故征候进行分析后，发现与记忆性失误相关的有 77 例，占 20.26%。其中属于忘记使用机上设备和个人装备的有 41 例，属于记错飞行数据、口令和内容的有 36 例。

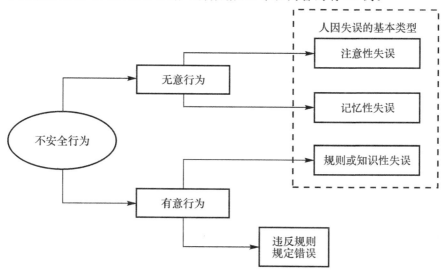

图 1-6　不安全行为模型

资料来源：Reason J. Human Error[M]. New York：Cambridge University Press，1990：179-182.

规则性或知识性失误通常发生在现代民用喷气客机的飞行定向障碍中。某航空公司一架 B737 - 300 型飞机，由海滨飞抵山城，在即将飞抵山城时坠毁在近郊标高为 640 m 的山上，机组人员和旅客全部遇难。该机失事时近似倒飞，右坡度 170°，下俯角 75°，以 789 km/h 的速度，210 m/s 的下降率，撞毁在陡峭的山坡上，周围没有大于 1 m² 的碎片，属于由空间定向障碍所引起的典型的可控性撞地（CFIT）事故。当飞机巡航高度为 1 万米，在飞行管理计算机控制系统（FMCS）操作状态下自动下降时，左右两自动油门 A/F 工作正常；当高度下降到 2 500 m 时，右发自动油门障碍，它从 0～60 s 抑制保持在 8°不动，而左发自动油门工作正常，已从 8°前移到 40°。在 0～60 s 这一分钟内，左、右油门手柄一前一后而飞行员却并未发现，从而造成事故的隐患。直到 65 s 时，飞行员才猛然发现飞机姿态变化太大，如油门手柄一前一后，倾斜角（坡度）达 50°，侧滑小球向左摆出，航向指示近 40°，进而引起心情过度紧张或是头部运动过猛产生科里奥利反应。将右坡度误认为左坡度，此时飞行员将右发油门手柄推向 40°，驾驶盘右打 50°，使左副翼向下偏转到 10°，同时使方向舵下作偏 2°。做了这样错误的操纵动作之后，尽管在 65～77 s 之间的 12 s 时间内，又把舵蹬平，驾驶盘向左打回到 0°，结果使是飞机进入复杂状态。而飞行员又在 76～77 s 之间猛拉驾驶杆，使载荷因数达到 +6G 以上，致使飞机结构受到严重破坏。

我们可将该起飞行事故的发生原因归结为以下几点：①目前 B737 - 300 型飞机采用了计算机控制的飞行管理系统（FMS）、惯性机种系统（IRS）、自动飞行控制系统（AFCS）和自动油门控制系统（A/T）等，大大减轻了飞行员的体力负荷。但飞行驾驶的自动化也容易使飞行员放松对特殊情况的警惕和对特殊情况的处置能力。这是导致该起事故的重要原因之一。为了更好地适应这种当今自动驾驶作业环境，飞行员必须对自己所飞机型的电子设备有全面深入的了解，真正掌握现代电子设备的工作原理、特点以及特殊情况的处置方法。②自动驾驶系统的运行是在飞行员对其实施有效监控下进行的。本起飞行事故原因之一就在于飞行员对自动驾驶系统的工作状态缺乏有效的监控，以致出现系统故障时没有能够及时做出诊断，无法实施人对自动飞行控制系统的补偿和接替功能，最终酿成恶性飞行事故。③规则性操纵失误且对飞行状态判断错误导致飞机进入复杂状态。该机组飞行员显然违反了民航客机不允许低空大坡度转弯的规定，且操作动作过于粗猛。更为重要的是，飞行员错误地认为民航大型客机不可能和战斗机一样进入倒飞状态，导致对飞行姿态判断的严重失误。故这起事故可以认为是一起典型的由规则性或知识性失误所引起的事故。

（二）Rasmussen 信息加工错误的分类模型

Rasmussen 经过一系列深入研究，将人在高负荷认知工作条件下所致的信息加工错误类型进行了归纳，建立起各种信息加工错误的分类模型。后来 D.O.Hare 等人将该模型引入对飞行事故调查中的认知失误分析中，取得了良好的进展。Rasmussen 提出的错误分类也是当今国际上对人因事故（系空间定向障碍引起的事故）调查和分析的主要理论依据。

前面已经提出，空间定向障碍是典型人的失误的一种表现形式。而 Rasmussen 将人因失误的发生归结为人对来自环境中各种信息加工的错误。因此，对空间定向障碍原因的分析应在整个信息加工链这一大背景下进行。Rasmussen 的模型提示，信息加工链中任一环节上的加工错误均可能是导致定向障碍的重要原因，因此该模型对于定向障碍产生的原因具有较强的诊断性，同时也有助于我们针对空间定向的信息加工不足实施相应训练。Rasmussen 的信息加工失误的分类模型如图 1-7 所示。

(三)近期关于视觉呈现对空间定向的影响研究

身体姿势控制与平衡感以及本体感受有明显的直接联系,因此它能直接地反映出以 G 值为基础的如本体感受和平衡觉对视觉决定(visual determinant)的影响。从本质上来说,视觉流(optic flow)是一种有效的空间信息源,它甚至可以提供来自其他感官的信息。不同视角视觉信息的呈现对飞行员身体姿势是否发生改变有不同的影响。在目前已有的研究中,运用头部追踪系统(head-tracker)测定的身体姿势来反映在空间定向时视觉呈现特征的有效性。

Lars 等人的研究表明:在沿着 x 轴飞行时,当中央视野的缺失超过 $20°×20°$ 视角时,才能明显地减少在飞行中由于飞行速度造成的身体姿势的改变。当沿着 y 轴做旋转运动时则比较敏感,中央视野只缺失 $10°×10°$ 也会减少身体姿势的改变。此外,外周视野从 $150°$ 减少至 $105°$ 时没有减少飞行员身体姿势的改变次数,但是当其减少至 $45°$ 时,身体姿势的改变次数就明显降低了,即缺失的视野越大,身体姿势发生变化的次数也越小。另外,当旋转速度低时,模拟旋转对平衡的干扰是最强的。外周视觉流呈现之所以能够有这种功效,本质在于它可能①引起感官对 SA 的反射,②强化了传统操作状态的信息,③当达到关键的飞机状态时能捕获飞行员的注意。此外,游旭群最近的研究认为:人格特征对航空安全产生着重要的影响,并提出了情境人格的概念,也进行了相应的研究。

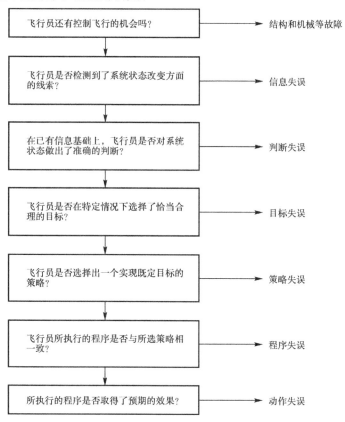

图 1-7　信息加工失误的分类模型

资料来源:Rasmussen, J. Human errors. A taxonomy for describing human

malfunction in industrial installations. Journal of occupational accidents, 1982,4(2-4),311-333.

飞行视窗：信息加工理论的前世今生

信息加工理论是认知心理学的基本理论之一，认识信息加工理论，就离不开对认知心理学的探究。认知心理学与格式塔心理学派关系密切。认知心理学认为人的高级心理分析要从整体出发，将人类的高级心理看作一个整体。虽然高级心理过程可进一步细分为多种加工方式，但在体现人类聪明智慧的进程中，必须要把其整合为一体；此外，认知心理学从构建主义心理学派也吸取了一些经验，它们实验内省的范式相似。而在行为主义与认知主义对抗的过程中，也互相促进发展。

那么什么是认知心理学呢？Neisser 在 1967 年表示，认知心理学是研究信息经感觉输入的转换、加工、储存、恢复、提取和使用的过程；Sternbeg 在 1999 年提出，认知心理学探讨的是人们如何进行知觉、学习、记忆和思考信息。此外，认知心理学的发展还受到临近学科如信息论、控制论、系统论、计算机科学、心理语言学等的影响。

在行为主义和认知注意的长期对抗中，信息加工理论吸收二者的优点，属于一种"认知-行为主义"的折中理论。它不仅认为环境刺激是学习行为的来源，而且认为学习和行为是环境刺激与学习已有图示的相互作用。信息加工理论主要关注人类记忆系统的性质和记忆系统，一些心理学家认为记忆信息加工模式可分为三部分——感觉输入、短时记忆和长时记忆，且三部分按照如图 1-8 所示的关系互相作用。

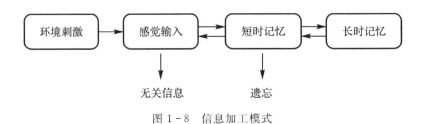

图 1-8　信息加工模式

1. 注意

在人眼看到事物的同时，大脑已经开始工作了。视网膜上所接收到的视觉刺激会传递至大脑皮层视觉相关区域进行进一步加工，但并非所有的信息都是如此。对被注意到的信息进行加工，而未被注意到的信息则被别除。

2. 信息编码

我们在电脑中输入的文字、图片、视频等信息，并非直接按照原来的形式储存在硬盘中，而是按照 0,1 之类的数字信息进行存储，也就是我们常用的数据单位，如 b,Kb,Mb,Tb。人脑进行信息储存也存在类似过程，心理学将其称为信息编码，即在觉察信息后针对信息的多种分类特征进行分析并形成记忆线索或痕迹的过程。一般认为编码策略可分为维持性策略和精致性复述。而在信息编码的过程中，组块的概念十分重要。组块是指在记忆的过程中将许多具有相同或相近特征的刺激组合成更大单位的刺激组块进行加工的过程。组块的编码能有效提高信息的输入量，同时也有利于保持记忆。

3. 贮存与提取

信息回忆的成绩,很大程度上取决于信息的储存形式,以及与长时记忆中往期事件的关系。在大脑收到刺激信息后,先进行感觉输入,经过短时记忆后,如果信息没有意义或没有得到相应的记忆策略或重复,该信息就不会进入长时记忆。只有那些经过精细加工或较深层次认识的信息产物,才容易得到贮存。一旦信息进入到长时记忆中,则很难被遗忘。

第二章 最典型的空间定向障碍——飞行错觉

飞行错觉是一种典型的空间定向障碍,一般来说,根据国内外常见的对飞行错觉的定义,可以把这种最典型的飞行定向障碍定义为飞行员所感知或判断的飞行状态,跟飞机实际状态不相符。在复杂飞行中,几乎所有的飞行员都会产生飞行错觉现象。如飞机正在平飞,飞行员感到飞机似乎倾斜着;飞机正在仰爬上升,而飞行员感到飞机似乎平飞着。较为严重的飞行错觉,有时误差可以超过90°。例如当飞机平飞时,飞行员却感到飞机似乎正在倒飞。飞行员在空中有时误认方向(方向错觉);有时误认物体,如把天误认为海,把星星误认为僚机或敌机等。到目前为止,飞行错觉被认为是影响飞行质量、威胁飞行安全的主要因素,是至今在国内外航空心理学和航空医学研究中都没有得到彻底解决的一个重要问题。为了有效预防飞行事故,保障飞行安全,各国航空心理学界都将飞行错觉作为研究的主要领域之一。

第一节 飞行错觉的一般发生特点

(1)飞行错觉的发生具有普遍性。2002年,Funk等人对2 582名USFA飞行员进行调查研究,发现他们有37次空间定向障碍的经历,几乎所有的飞行人员在其飞行生涯中或多或少、或轻或重都会发生过飞行错觉。

(2)飞行错觉多发生在复杂飞行条件下。据调查,99.7%的飞行员错觉发生在复杂气象和复杂任务条件中,尤其在舰载飞行员多见,仅有0.3%的人在昼间目视飞行中发生过,统计结果见表2-1。

表2-1 487名各类飞行人员飞行错觉发生率(1974—1975年)

飞行条件		调查人数	飞行错觉发生率	
			人数	概率/(%)
舰载机飞行员	复杂气象飞行	185	158	85.4
	昼间仪表飞行	159	86	54.1
多座飞机飞行员	复杂气象飞行	52	25	48.1
	昼间仪表飞行	35	3	8.6
非驾驶员	复杂气象飞行	38	10	26.3
	昼间仪表飞行	9	0	0.0

资料来源:游旭群,姬鸣,焦武萍.航空心理学理论、实践与应用[M].杭州:浙江教育出版社,2017.

要着重指出的是,任务条件越复杂,尤其是由目视飞行突然转入复杂任务条件下飞行时,飞行错觉不但更易发生,而且程度重、易导致事故。如 William 等人报告,在一般条件下飞行错觉事故率为 12.8%,在复杂条件下为 19.7%,由目视飞行突然转入复杂条件下飞行时,飞行错觉事故率为 68.7%。

(3)各种机型上都可以发生飞行错觉。飞行错觉在各种机型上都可以发生,但在机动性大的飞机上更容易发生。如表 2-1 所示,复杂气象下舰载机上的发生率为 85.4%,而在多座飞机上的发生率只有 48.1%。从每人平均发生的飞行错觉次数来看,歼击机上每人平均发生 5.2次、直升机上平均 2.6 次,民航飞机上平均 1.4 次。

(4)各飞行阶段、各种飞行动作中都可发生飞行错觉,但以各种动作之中或其后发生的最多。后者占整个飞行错觉发生频率的 60%,单是发生在转弯之中或其后及在穿云下降之中的就占 65%。

(5)各类飞行人员都可能发生飞行错觉,但以舰载机飞行员,尤其僚机飞行员,仪表飞行时间短、技术差、间断飞行后、初次进入复杂气象的飞行员最易发生,且程度重。

(6)情绪稳定性差、健康状况不佳者易发生飞行错觉。据苗丹民等人对发生错觉的飞行员调查及临床观察,患某种疾病、身体功能状态不佳者比健康的发生率高 30%。如健康状况佳者一组 120 人,有 83 人发生飞行错觉,发生率为 69%,发生错觉次数为 422 次,平均每人 5.1次;健康状况不佳者一组 45 人,44 人发生飞行错觉,发生率为 98%,发生错觉次数为 446 次,平均每人 10.1 次。再如,健康状况佳者一组 37 人,飞行架次为 1 508 次,发生飞行错觉的架次为 215 次,两者之比为 7:1,飞行架次错觉率为 14.2%;健康状况不佳者一组 16 人,飞行架次为 721 次,发生飞行错觉架次为 258 次,两者之比为 2.8:1,飞行架次错觉率为 35.8%。需要指出的是,有的发生严重飞行错觉是某一系统有严重疾患的早期表现。如患听神经纤维瘤、一侧前庭功能丧失、隐形癫痫、脑外伤、严重植物神经功能障碍等的飞行员,入院第一主诉是发生了严重的飞行错觉。

(7)飞行错觉发生后可出现程度不同的各种症状。根据研究人员观察,几乎所有发生飞行错觉后的飞行员都有程度不同的"别扭"感觉。其他症状有心情矛盾、烦躁不安、情绪紧张、操纵费力、躯体向一侧"牵拉"感;客观表现有舵蹬得"死",握杆紧,面部表情呆滞,出汗,心悸,呼吸短促、表浅,甚至屏气,严重者全身肌肉痉挛、强直,视物不清、恶心、失去定向和控制操纵的能力等。发生飞行错觉后出现情绪紧张的占 40.6%,有恐惧感的占 25.2%,有不同程度植物神经反应的占 14.6%,不相信仪表的占 7.3%,不能判断飞机状态的占 6.5%,其他异常感觉的占 4.1%。

(8)飞行员可能重复发生同样性质和形态的飞行错觉。据实验观察,有的飞行员平均每日飞行发生飞行错觉达 8 次之多;有的飞行员在一次飞行中产生 3 次同样性质的错觉。

(9)不同飞行员发生飞行错觉的频率、持续时间和程度不同。有的飞行员飞行错觉频繁发生,次数可达 50 次之多。发生错觉的持续时间在 1 min 以上的,占 25%。有的从起飞到着陆都处在飞行错觉状态中,持续时间达 40 min 以上。De Glosa Pletro 报告飞行错觉持续时间在

1～4 min 内的占 11.9%。

第二节 飞行错觉发生机制的一般解释及其
心理学意义上的鉴定

飞行员在三维空间中操纵飞机，随时受到多种因素的作用，如受到缺氧、低压、噪声、震动以及气象因素和光线的作用。但是，这些外界因素并没有使每个飞行员都发生飞行错觉，就是同一个飞行员也不是在每次飞行中都发生飞行错觉。这说明环境因素只是发生飞行错觉的条件而不是根本原因。根据信息与认知主导作用论，如若正确的空间信息的数量、性质、强度在个体飞行员的生理、心理限值内起主导作用，就不会发生飞行错觉；反之，有可能发生飞行错觉。只有错误的空间信息或中枢错误处理的主导作用为正确空间信息和认知所取代，飞行错觉才会被克服；如若始终使正确空间认知保持主导作用，可预防飞行错觉的发生。由此得出飞行中仪表视觉失去主导作用，经各种感觉通道传入的错误空间信息或中枢对空间信息处理、整合错误，在空间知觉形成中起主导作用，是飞行中空间定向障碍发生的基本机制（见图 2-1）。

在这里起关键作用的是在什么条件下错误空间信息会起主导作用，在什么条件下中枢会发生错误加工并起主导作用。根据飞行人员的飞行错觉发生机制的实验研究，其条件有以下四个方面：①仪表空间定向机能系统巩固程度如何；②破坏仪表空间定向机能系统的因素存在与否；③错误空间信息强度和中枢对其整合作用水平；④大脑功能状态和空间定向机能系统的功能状态正常与否。

从上述发生机制中可以看到，是否发生空间定向错误，由两个基本因素决定：

（1）感觉通道输入错误的空间信息。此情况一般由参与空间定向的感觉分析器的心理和生理特点受飞行因素作用所致。

（2）中枢加工错误。一般是由于正确空间信息不足，片面的空间信息与大脑中已有的空间信息生成错误联系所致。

一、常见飞行错觉介绍及其成因机制

（一）前庭本体性错觉

在飞行中，因飞行人员视觉信息受到限制而前庭本体觉的错误信息异常突出所产生的错觉知觉，称为前庭本体性错觉（vestibular proprioceptive illusion）。常见的前庭本体性错觉有"矫正"性倾斜错觉、躯体旋转错觉、躯体重力错觉和科里奥利错觉。

（1）"矫正"性倾斜错觉。"矫正"性倾斜错觉（inclination illusion）是仪表飞行中常见的一种前庭本体性错觉。当某种原因（如扰动气流）使飞机急剧向左倾斜时，由于是突然倾斜，角加速度值在飞行员前庭感觉阈值之上，飞行员感知到飞行发生了向一侧倾斜。在影响因素消失后（如扰动气流过后），由于飞机本身的横侧安定性作用，飞机自动缓慢地恢复平飞，角加速度值在飞行员感觉阈值以下，这时飞行员感知不到飞机已经恢复平飞，仍感到飞机带着一个左坡度飞行。

（2）躯体旋转错觉。躯体旋转错觉（somatogyral illusion）是指飞行人员在受角加速度刺激后，由前庭本体感受器输入信息所产生的错误知觉，常见于飞机作盘旋、横滚、螺旋等转动运动，即所谓的"角运动"时，由于半规管感受器受角减速度刺激可引起躯体旋转错觉。

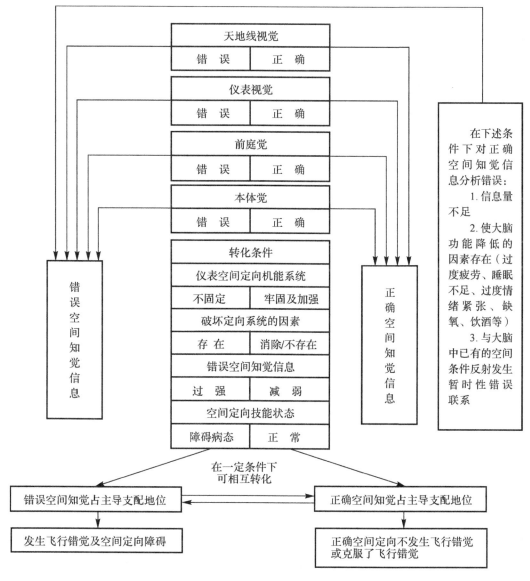

图 2-1　飞行错觉发生机制图

资料来源：游旭群，姬鸣，焦武萍.航空心理学理论、实践与应用[M].杭州：浙江教育出版社，2017.

（3）躯体重力错觉。躯体重力错觉（somatogravic illusion）是在飞机作直线加减速度或径向加速度运动时，产生的惯性力作用于前庭耳石器和本体感受器引起的知觉错误。常在以下两种情况下发生：

1）曲线运动时。在视觉受到限制或其作用减弱的条件下，飞机以缓慢的速度由平飞进入转弯。此时飞行员感到飞机不是在转弯，而是上升。当飞机从转弯改为平飞时，飞行员又感到飞机在下滑。这种躯体重力错觉的产生是由于飞行转弯时，飞行员受到惯性离心力和重力作用，这两种合力作用方向与飞行员身体垂直轴相一致。这一合力作用于耳石器便产生上升感。同时合力还沿着身体垂直轴把飞行员身体紧压在座椅上，飞行员根据以往的飞行经验判断，身体哪些部分受到压力最大，哪些部位就是向下的。当飞机上升时，臀部压力最大。现在臀部受到的压力最大，就认为飞机是在上升，从而产生躯体重力错觉。反之，就会产生飞机下滑的错觉。

2）直线运动时。当飞机在直线飞行中突然加速或减速时，由于惯性力与重力的合力作用于飞行员的前庭本体感受器，同时把飞行员紧压在座椅上，飞行员将合力的作用方向误认为重力作用方向，因而产生躯体重力错觉。在平飞突然向前加速飞行时，可产生"上仰错觉"；在平飞突然减速飞行时，可产生"下滑错觉"。这种错觉常在起飞、着陆时发生，对飞行安全有一定威胁。

（4）科里奥利错觉。在飞行中当飞行员受到科里奥利加速度作用时，其惯性力偶作用于前庭半规管感受器，可引起人体一系列生理-心理反应和错误知觉。

在人体围绕垂直轴（z）旋转的同时，头绕纵轴（x）倾动，可产生围绕第三轴即绕横轴（y）的滚动知觉，这种错误的滚动知觉叫作科里奥利错觉，又叫作交叉力偶旋转错觉。这是一种十分严重的飞行错觉。这种错觉常常突然发生，且强度大，可使人产生强烈的植物神经反应，如眩晕感、旋转感、翻转感等，往往使飞行员不知所措，因而导致严重的飞行事故。

当头在围绕垂直轴旋转时，可产生围绕垂直轴旋转的感觉。当同时左右倾动时，则可以产生相反方向旋转的反旋转感觉。在实际飞行中，通常是三对半规管同时受刺激。当人体绕垂直轴（z）向右作匀速旋转中，头部又绕纵轴（x）向左倾动90°时，人主要产生两种旋转直觉，一种是由左水平半规管感受器产生的左旋转知觉（反旋转感觉）；另一种是由一对垂直半规管感受器产生的向前下方反转的知觉，即绕横轴（y）翻转的知觉。这两种错误信息同时传入大脑，由于后者强度大，经大脑综合形成一种向前下方翻转的错误知觉——科里奥利错觉。

（二）前庭视性错觉

前庭视性错觉（visual vestibular illusion）是前庭感受器受到加速度作用后，引起前庭-眼动反射运动，而以视觉形式表现出来的一种错误知觉。

（1）眼旋动错觉。眼旋动错觉（oculogyral illusion）是因半规管感受器受到角加速度刺激，引起半规管-眼动反射运动（即眼震），使所观察物体发生虚假运动，从而产生的错误知觉。其产生错觉的机制与躯体旋动错觉相类似，所不同的是，躯体旋动错觉主要以躯体感觉形式表现出来，而眼旋动错觉则主要以视觉形式表现出来。

引起眼旋动错觉的角加速度刺激阈值比引起躯体旋动错觉的阈值低，因此在夜间飞行中角加速度值较小情况下，可以不产生躯体旋动错觉，而只产生眼旋动错觉。此时在视野中的稀疏灯光或星光会旋动起来，进而可误认为是其他飞机在运动。在昼间一般气象条件下飞行不容易发生眼旋动错觉，由于外界目标物多，与躯体旋动错觉同时出现的眼旋动错觉，会很快受到抑制。只有在目标物稀少的夜间或云中飞行时才容易产生眼旋动错觉。

（2）眼重力错觉。眼重力错觉（oculogravic illusion）是伴随躯体重力错觉而产生的一种错觉，是躯体重力错觉在视觉方面的特殊表现。躯体重力错觉与眼重力错觉，在方向上可发生矛盾。例如，在飞机突然加速时，躯体重力错觉使飞行员产生飞机"上升"的感觉；而眼重力错觉因飞行员注视的正前方物体上移，而产生飞机"下滑"的感觉。在外界视觉信息定向目标物稀少时，这种矛盾现象更为突出，以至影响飞行员的操纵。

眼重力错觉一般发生在看不清天地线的云中或夜间飞行中，由于视野内没有明显固定的定向目标，只有前方机头看得清楚，所以在飞行员离开仪表指示，而去看机头前方时发生，一般不伴有其他明显的视觉异常现象。有关眼重力错觉的发生机制尚不十分明确，可能与耳石器-眼动反射有关。

（三）视性错觉

在飞行中，飞行人员利用视觉感受器的信息进行空间定向，所产生的错误认识，称为视性错觉（visual illusion）。常见的视性错觉有以下几种。

（1）天地线错觉。这是一种在 15 000 m 高空飞行中常发生的视性错觉，可表现为倾斜、俯仰、倒飞等错误。在 15 000 m 高空目视天地线比在这一高度以下目视天地线低 4°，所以在 15 000 m 以上高空中平飞时，由于目视天地线在机翼下方，容易发生把平飞的飞机误认为是带坡度或有俯仰角的错误知觉，或者飞机在云层上方飞行时将没有平行于地面飞行的飞机误认为与地面平行。在夜间高空飞行时，由于看到月亮、星星"低于"天地线，而这种情况只有在飞机倾斜、倒飞时才发生，所以飞行员往往将平飞的飞机误认为是"倾斜"或"倒飞"。

（2）光线引起的错觉。人在地面活动时，习惯于按天和地进行上下定向。天空明亮为上，地面阴暗为下。飞行员常用来判断飞机状态的天地线，也可以看成是一个上亮下暗的明暗交界线。这种借助光线分布及其强度所形成的空间定向观念，在飞行中间不断得到巩固和加强。如果这一定向习惯在暗舱仪表飞行、复杂气象飞行和夜间飞行中继续沿用，就可能发生各种状态错觉。

（3）视性距离（高度）错觉。视性距离错觉和高度错觉是指由视觉信息引起对距离和高度判断发生了显著的误差。这两种错觉在性质上都属于距离判断的错误。在飞行中，尤其是在那些缺少可靠、明显的视觉参考定向物的条件（如海上、沙漠上空、云中）飞行时，人的双眼视差、调节、辐辏等生理作用明显减退，在这种条件下飞行，主要依据孤立或单调变化的目标物（如海浪）大小、光线明暗、运动角速度变化等因素判断距离和高度。

（4）自动运动性错觉。在视觉中背景物体稀少的条件下，若注视某一固定目标，不久就会发生该目标在视野中自行移动的错觉，称为自动运动性错觉（autokinetic illusion）。Grarbiel 和 Clark 在实验室和夜间飞行条件下，对自动运动性错觉进行过详细的研究，其结果如下：①所有被试者都体验到了自动运动性错觉。②从开始注视目标到出现虚假运动，平均潜伏期为 9 s。③在被试者中，可体验出目标向任一方向的运动。④一般来说，运动的速度不大，位移角度也不大,但也有例外。⑤随意抑制这种运动的能力极为有限。⑥在夜间编队飞行时,容易发生这种错觉。⑦如果改善空间结构或目标的相对运动很快,或周期地从目标移开视线(最多注视 9 s),可减少自动运动性错觉。

(5)黑洞错觉。黑洞错觉(BHI)在近期的研究中被看作是严重威胁航空安全的最主要因素之一,其危害程度远远大于上述的集中错觉形式,在长达 30 年的时间中,人们对它没有更进一步的认识,也没有很有效的措施去减少和控制该错觉的发生。BHI 这种特殊的视觉空间定向障碍通常发生在周围有光但缺少视觉线索的夜间着陆时。在恶劣进场条件下,舰载飞行员在很多情况引起的视觉贫乏条件下都十分自信地依据视觉做出判断。BHI 就使得飞行员出现高估下滑线,对飞机进行不合时宜的急剧下降操作,从而导致可控性撞地。这是一种十分严重的错觉,常常导致恶性飞行事故。BHI 被看作是无特征地面错觉(Featureless Terrain Illusion,FTI)。美国交通部将 FTI 定义为:"在水上或黑暗的地方以及缺乏特征的雪地着陆时,缺乏地面特征,会使飞行员误认为飞机的高度比实际要高的错觉。如果飞行员没有意识到发生了这个错觉,就会飞的比理想的下滑线要低。"

对高度和距离的错误知觉在"黑洞进场"事故中很常见,尽管缺乏视觉线索,且知觉能力也受到限制,飞行员却仍然更愿意相信窗外的参照物而不愿意相信仪表。这是因为尽管缺乏线索,飞行员也对他们的视知觉过分自信。在视觉线索充分的条件下,在熟悉的机场着陆时,知觉到的下降角度和实际的下降角度是相等的,并且,如果二者不一致,充足的视觉线索也足以给出生理反馈(太浅或太陡)以便及时进行调整。然而在特征不足的环境中,当飞行员错误地认为飞机的高度很高,高于理想的下滑线 3°时,飞行员可能简单地将其描述为"感到太陡",那么飞行员盲目地相信了他们的知觉能力,从而开始急剧地下降并错误地判断低于理想下降线的不完全位置,这样的现象叫高估下滑角(GPO)。当飞行员错误地认为飞机的高度很高,高于理想的下滑线 3°时,GPO 就会发生。飞行员可能简单的将其描述为"感到太陡",那么飞行员盲目地相信了他们的知觉能力,从而开始急剧地下降并错误地判断了低于理想下滑角(GP)的不完全位置。

虽然黑洞错觉长期以来在一般空军战斗机飞行员或海军舰载机飞行员的飞行任务报告中屡屡发生,但基于心理学尤其是认知心理学的研究还较为匮乏。

二、飞行错觉在心理学研究中的检查方案

一般情况下,飞行错觉的产生是飞行员在飞行过程中,尤其是在执行高难度的舰载飞行过程中的正常的生理和心理现象。在当前国际航空心理学界有不少鉴定错觉水平的方法和措施,但国内研究相对匮乏。总结起来,对飞行错觉的鉴定大致有两大研究分类。

(一)视觉空间认知加工水平检测系统

视觉空间认知加工水平检测系统是在 Kosslyn 高水平视觉加工系统模型基础上和 Sterberg "加因素法"研究范式基础上由我国学者研制开发的一套计算机检测系统。该系统由表象旋转、表象运动推断、表象扫描、表象计算、空间关系判断以及场独立性等高水平视觉空间认知加工模块所构成,侧重于检查飞行员空间定向的认知水平。

(二)飞行错觉水平评定的模糊评判模型

Ⅱ型飞行错觉水平评定模型是在对实际飞行工作特点详尽观察的基础上,运用模糊区间统计的方法建立起来的一种对飞行员所发生的常见错觉水平进行量化评定的方法。游旭群研究认为,从实际飞行的角度来看,不同的飞行错觉在偏离实际飞行状态和对飞行员安全的危害程度上也是不同的,而错觉发生的频率同样也是反映飞行员空间定向能力的一个重要指标。鉴于飞行错觉本身属于一种模糊的心理现象,游旭群为此在对飞行员错觉发生特点深入调查研究的基础上,从错觉发生的形态学角度出发,分别对倾斜错觉、俯仰错觉、方位错觉、反旋转错觉和倒飞错觉这五种常见飞行错觉,以及相应频率量词进行模糊赋值。在结合实际飞行工作特点和心理物理学方法的基础上,拟合出了错觉水平评定的量化评定模型,即

$$I = \sum_{i=1}^{n=1} f_i x_i$$

其中,I 为飞行错觉水平量值;f_i 和 x_i 分别为每个飞行员所产生的相应的错觉频率和错觉类型。这是我国航空心理学界首次较系统地表述了错觉水平的评鉴方法,该方法极具开创性。

第三节　飞行错觉发生机制在心理学层面上的研究匮乏

预防与克服飞行错觉训练的基本任务是养成和提高仪表视觉空间定向能力、识别空间定向障碍能力、控制自身错误空间知觉和施以正确操纵的能力。但鉴于目前对于空间定向障碍及错觉的心理学研究的匮乏,对于飞行错觉的大多数成因机制尚处于前期探索阶段,并且集中在生理机制的考察,而要想克服和预防错觉的发生我们必须了解其心理机制,尤其是常见的飞行员错觉的心理机制。

第三章 进场黑洞错觉——舰载机飞行员最常见的视性错觉之一

进场黑洞错觉（Black Hole Illusion，BHI）是飞行员空间定向障碍（Spatial Disorientation，SD）中的一种，飞行员在发生事故之前对其周围的情况浑然不觉是导致进场黑洞错觉的原因之一。Wagenaar 和 Groeneweg 对此做了最好的描述："事故发生并不是由于人们的尝试操作失败了，而是因为人们无论如何也不相信即将发生的事故会发生。"以前研究发现，根据发生事故时飞行员或飞机的状态可以对不同的事故进行分类。根据以前的大量研究，认为飞行员出事故的主要原因是飞机在可控制情况下的飞行员误操作进场（Controlled Flight Into Terrain，CFIT）。对飞行员的这种错觉行为，以及当时飞机的操纵状态，之前研究都进行了深入探讨，并对导致事故的主要原因进行了研究。

波音公司对商业飞行进行了一项深入调查：全世界的商业飞行领域的航班飞行中，飞行员不会有太多误操作，但是在进场和着陆时会产生比较多的误操作，这个阶段占不到全部飞行时间的 4%，发生的事故占事故总数的一半以上，而这一半以上的事故中，有一半以上是由飞行员人因失误造成，有报告显示在 20 世纪 80 年代，在全世界近 300 起事故中，有 3/4 的事故起因于飞行员目视入场而导致的进场黑洞错觉。Gillingham 重新对空间定向障碍进行了定义：一个人对于其相对于地表平面参照系统的静止和运动的错误知觉为空间定向障碍。更进一步，对于与飞机控制和操纵有关的任何仪表参数，例如高度和垂直速度，尤其在飞机在进场时，如果一个经验丰富的飞行员对其幅度或方向知觉不正确，就说明他出现了 SD。然而令人吃惊的是，SD 出现在经验丰富的飞行员身上较学员（飞行训练年数在 3~6 年）更常见。Benson 在总结了 239 起进场人因失误后也重新定义了 SD：在由地球水平表面和重力垂直线所确定的固定三维坐标计算系内，飞行员对于飞机运动轨迹或姿态未能正确感知，称为空间定向障碍。在恶劣环境下的进场，极易产生飞行员对时间空间线索的判断失误。

美国空兵（USAF）1990—2009 年期间 SD 事故的分析表明，有 12% 的事故可以归因于 SD，在夜间发生的事故中有 24% 与 SD 有关。2000 年，在 USAF 一项专业训练项目的调查中，对有多年驾驶经验的学员进行调查，发现在近 40 种视觉和前庭性质的空间失定向错觉中，黑洞错觉分别排名第二与首位。2002 年，另一项研究调查了 2 582 名 USAF 飞行员以及他们发生空间定向障碍的经验，对于 USAF 所有型号的飞机，BHI 是第三位最为常见的视性 SD。

第一节 进场黑洞错觉的一般定义及研究起源

BHI 可被划分为区域特性缺失性错觉（featureless terrain illusion）的一种特殊形式。国际航空界将区域特性缺失性错觉定义为：当在水上、光线较昏暗空间，以及由于天气使飞机在区域特性缺失性地域着陆时,这种区域特性缺失性可以使飞行员产生无法正确感知飞行高度从而进场高度低于实际高度的认知性错觉。没有觉知到这种认知障碍会使驾驶员操作航空器时认为应拉低航空器,或者出现较高的进场角度,导致出现实际高度远低于知觉高度,如图3-1所示。

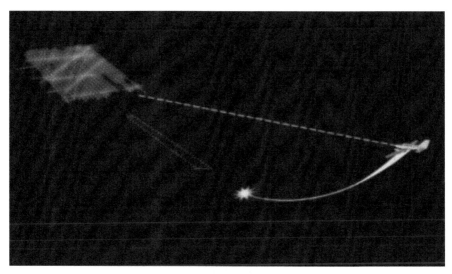

图3-1　出现了黑洞错觉的飞行员飞行轨迹

在黑洞(Black Hole,BH)进场事故中,进场飞行员会人为地感知到错误的深度和径向距离。尽管视觉线索非常贫乏,感觉能力受到限制,可多数飞行员宁愿相信窗外的各种线索,而不是依靠飞行仪表,即飞行员对他们的知觉还是给予了过高的信任。舰载机装备很多,有各种辅降设备,包括光感助降系统、预警助降雷达和其他辅助性一体化设备等。其中光感助降系统由数组灯光组成,飞行员可根据不同颜色的光束,来目视判断飞机离甲板的高度和入场的实际飞行角度是否在可控范围内;助降雷达可以在复杂气象条件下引导舰载机安全着舰;激光助降设备则通过激光束引导飞行员准确降落。但是,由于缺乏地面参照系统所提供的有效降落线索,比如时间和空间指标,航母舰载机飞行员通常会下意识地信任自己的直觉而不是仪表。直觉胜过知觉的大致原因有:

(1)虽然航母比一般舰船大很多,但对于舰载机的机身来说,甲板面积还是过于狭小,并且海上天气情况复杂,夜航或天气原因致使能见度较低,进而使飞行员宁可相信直觉也不信知觉。

(2)由海浪、海风、甲板风等多方面因素造成进场时的海基甲板上下颠簸,极易造成错觉。

(3)航空母舰的舰上建筑"舰岛""雷达"等设施,以及进场甲板附近的人工障碍物等,它们都影响着舰载机飞行员正常的定向判断。

(4)舰载机飞行员可以看到的甲板直线视野与陆基进场时相差很多,甚至是在完全看不清楚的情况下降落,导致飞行员长久以来相信直觉,而非时间空间线索,从而产生错觉。

在2011年中国空军某航空兵团学习记录中曾经记载过一个案例:在某次航医训练中,专家通过现场剖析国内外有关飞行错觉的正反两方面典型案例,强化对抗和预防飞行错觉事故意识,传授正确处置特情的方法,增强飞行员预防和处置飞行错觉事故的能力。飞行员陈某在听完后,激动地说:"我曾经在飞机降落时看见跑道突然'竖起来',吓出了一身冷汗,还好凭借以往经验飞了回来,但在心中一直有阴影。现在,才知道是出现了'黑洞错觉'。"可以看出,飞行员对飞行错觉的认识往往是感性、经验性及不全面的。

在国际上得到公认的黑洞错觉的论述始于1947年,Vinacke详细描述了飞行员所经历的一种错觉。在讨论这种视性错觉时,他提出了在平静的水面之上,或在进场光线十分不利的情况下对于"深度"的感觉问题。1950年,Calvert在探讨怎样改进跑道照明系统、进场轨迹标识、着陆轨迹时描述了一种在进场时常见的空间定向障碍。此时,飞行员会凭空冒出一种类似于幻觉的图像表征,两边的灯光标记使进场道似乎直立起来,而且悬于上空。随后在1954年的美国航空论坛他开始使用BHI一词,他介绍了视野中的特征在控制动作方面的重要性,以及地表面对于视觉参考的关键作用。这是在航空心理学领域内首次对于BHI的详细描述:"一个一直不变的环境,没有天地线,也没有进一步的细节,这就是在雾夜之中一条跑道给人的感觉。一次在距地面22.8 m的高度上从仪表飞行转为视觉飞行,很少有事情比这更让人恼火了。是在风雪中滑雪,还是飞进了'黑洞'里?"Calvert首次用到了进场黑洞错觉(black hole effect)这个短语。

Hartman和Cantrell在1968年发表了一篇简短、详细的关于"降落距离过短所导致事故的心理因素"的文章。文中讨论了舰载飞行员在甲板上移动降落以及甲板视觉表征缺乏的问题,指出了黑洞错觉。1969年Kraft和Elworth报告,在1967年之前,大型飞机事故中有接近17起都属于在光线照明系统提供的视觉线索不充分情况下,飞行员进场时产生进场黑洞错觉。

1979年,Lewis和Mertens评估了不同的进场类型,以确定哪一种能够最好地帮助飞行员按照所需的下滑通道着陆。在20世纪90年代,有关黑洞进场的文章渐多。例如,Schiff为波音飞机的飞行人员写了一篇文章,在整个航空飞行历史上,进场中的黑洞错觉频频发生将会造成更大的危险。然后Schiff罗列了仍然可以给飞行员造成黑洞进场错觉的机场,即西雅图机场、火奴鲁鲁美军机场和拉斯维加斯民用机场。他总结了可能会产生黑洞进场错觉的情况,以及克服或回避这种错觉的方法。但这期间大多数学者集中讨论的是一般意义上的错觉发生现象,在心理知觉意义上并没有深入探讨。

2000年,《IEEE生物医学工程》(IEEE Engineering in Medicine and Biology)出版了一期专刊,专门讨论飞行定向障碍问题,来解释飞行事故的原因。其中一些文章,大概、简要地介绍了美国空军飞行员视觉性质的错觉和前庭诱使的错觉。但在探讨飞行姿态和适飞背景的一致性以及对于高度和距离的飞行员一般错觉时,文章仅简单提及黑洞进场错觉,并没有深入讨论其心理和认知因素。

2004年,美国海军的飞行安全杂志《进场》(Approach)特别为空间定向障碍(SD)发了一期专刊。其中报告,在1997—2002年期间,美国海军发生的飞行事故有120起,其中有22起属于SD事故,牺牲23人,财产损失达到4.75亿美元。Previc估计在2004年一年全部SD事故中,有一半以上是由于飞行员在进场时产生了视觉性错觉问题而导致的人因失误。在有关飞行中视性错觉的整个章节里,黑洞进场被安排在了"周边视觉缺失"这一分类之下。对此,Previc提出黑洞错觉基于飞行员在进场时未能很好把握时间、空间及飞行器与周边环境等的距离线索,因而这种错觉多数是由进场时的机场实际条件造成的。

飞行视窗:辽宁舰菲涅尔透镜光学助降系统

为纪念中国海军成立70周年,我国在青岛举行了海上阅兵,这次活动也向世界展现了中国海军发展中各种新式舰艇以及我国海军70年的成就,辽宁舰(见图3-2)和新型核潜艇也参加了海军70周年相关活动。

图3-2　辽宁舰编队出第一岛链

1. 难题的解决

舰载飞机要降落在短而窄的斜角甲板上,不是一件容易的事。飞机着舰点必须非常准确:若太靠前,飞机会冲出甲板掉入大海;若太靠后,飞机又可能与航空母舰的舰尾部相撞。真可谓前不得,后不得,旦有毫厘之差就可能酿成大祸。

为了保证飞机安全、准确地着舰,必须采取一些技术措施帮助飞行员观察和降落。最初使用的是光学助降镜。它实际上是一面巨大的反射镜,设在斜角甲板着舰点一侧,依靠舰尾专门设置的光源,照射到反射镜上,然后通过反射镜再反射到空中,形成一个光的下滑坡面。

飞行员在操纵飞机降落时,可以沿着这个光的下滑坡面下滑,并根据飞机在反射镜光束中的位置来修正误差。后来,军事技术人员又研制出一种称为"菲涅尔"的光学透镜助降装置。

辽宁舰是隶属于中国人民解放军海军的一艘可以搭载固定翼飞机的航空母舰,也是中国第一艘服役的航空母舰,它上面就采用了菲涅尔光学透镜助降系统。

光学助降系统的出现,摆脱了单纯依靠飞行员或着舰引导员(LSO)的目视观察与个人经验引导飞机着舰,使飞行员有了可靠的降落参照指示系统,是航母舰载机降落引导技术的革命性进步。

2. 问世与发展

菲涅尔光学透镜助降系统由英国海军中校格德哈特发明。

第一代航母"光学助降镜"由一面大曲光率的反射镜和舰尾一盏强光照射灯组成,通过$3.5°\sim4°$的夹角,把灯光反射到空中,飞行员沿着光柱的指示下滑,并控制自己飞机的高低位置,安全降落在甲板上。该系统受海浪颠簸影响较大,飞行员往往会丢失光柱并较难再捕捉到。

第二代菲涅耳光学助降系统产生于1963年前后,由英国研制成功,就是今天的"菲涅耳光学透镜助降系统"。目前第三代改进型菲涅耳光学透镜助降系统已经装备到最新型"福特"级航母上。

3. 运行模式

菲涅尔光学透镜助降系统设在航母中部左舷的一个自稳平台上，以保证其光束不受舰体左右摇摆的影响。

它由4组灯光组成，主要是中央竖排的5个分段的灯箱，通过菲涅尔透镜发出5层光束，光束与降落跑道平行，和海平面保持一定角度，形成5层坡面。每段光束层高在舰载机进入下滑道的入口处 [距航母 0.75 n mile(1 n mile＝1 852 m)] 为 6.6 m，正中段为橙色光束，向上、向下分别转为黄色和红色光束，正中段灯箱两侧有水平的绿色基准定光灯。

当舰载机高度和下滑角正确时，飞行员可以看到橙色光球正处于绿色基准灯的中央，保持此角度就可以准确下滑着舰。如飞行员看到的是黄色光球且处于绿色基准灯之上，就要降低高度；如看到红色光球且处于绿色基准灯之下，那就要马上升高，否则就会撞在航母尾柱端面或降到尾后大海中。

在中央灯箱左右各竖排着一组红色闪光灯，如果不允许舰载机着舰，它会发出闪光，此时绿色基准灯和中央灯箱均关闭，告诉飞行员停止下降立即复飞，因此它们被称为"复飞灯"。复飞灯上有一组绿灯，叫作切断灯，它打开即是允许进入下滑的信号。

这些灯光由 LSO 控制，他们在舰后部左舷 LSO 平台上，分工观察着舰机的位置、起落架、襟翼、尾钩等的情况，一面与飞行员通话，一面操纵灯光信号。在舰岛上部左侧后部设有主飞行控制室，一名飞控官监视着飞行甲板和空中的情况，对着舰机的安全进行最后把关。在美国航母上，飞控官由老资格的中校级飞行员担任，并配有一名少校作为助手。

当不允许舰载机着落时，左右两侧红色灯发出闪光，绿色水平基准灯不亮；当允许舰载机着落时，红色灯不亮，绿色基准灯发出固定光，"菲涅尔"透镜也同时发光。它发出的光要比绿色基准灯强，而且上下不同位置的透镜发出的定向光束各代表一种下滑角。

黄色光是高的下滑坡面，红色光是低的下滑坡面，橙色光是正确的下滑坡面。舰载机飞行员下滑时，如果看到的是橙色光，就可以准确地着舰了；如果看到的是黄色光束，说明舰载机下滑角太大；如果看到了红色光束，则说明舰载机下滑角太小。

透镜式光学助降镜(见图 3-3)甲板边缘装置由灯光指示器、纵摇伺服驱动器、固定基准灯、调节基准灯、禁降灯等组成。使用时由光源、"菲涅尔"透镜和双凸透镜的综合作用形成一支光束。这支光束若出现在基准灯上面，说明进场飞机下滑角太大；若出现在基准灯下面，则说明进场飞机的下滑角太小。它通常由4组灯光组成，中间竖排着一个灯箱，通过透镜发出5层光束。这5层光束与飞行跑道平行，和海平面保持一定角度，形成五层波面。

这五层光束正中间为橙色光束，向上向下分别为黄色和红色，两边为绿色基准光束，当舰载机下降时，舰载机飞行员就观察助降镜，如果看到的是橙色光，就可以准确着舰了；如果看到的是黄色光束，说明飞机所在处太高，需要下降高度；如果看到红色光束，说明飞机所在处太低，需要上升高度，否则就会撞在航空母舰的舰艉上；如果看到的是绿色光，说明飞机偏左或偏右了，需调整水平位置。

灯箱左右各有六盏绿色基准灯，排成一排与甲板平行，飞行员下滑时能看到基准绿灯亮，表示飞机已经进入下滑道范围，如果看不见说明飞机偏离正常位置较远，需要赶快修正。如果基准绿灯关闭，说明母舰发生意外不能着舰。

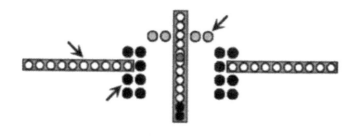

图 3-3　助降镜（资料来源：铁血网）

禁降灯有两组（列），左右各两列 12 盏灯（共 24 盏）。当允许着舰时，禁降灯最上面的 4 盏（左右各两盏）绿灯亮，其他灯都关闭（叫"切断"）；如果禁止着舰，禁降灯最上面的 4 盏绿灯被关闭（切断），余下的 20 盏（左右各 10 盏）均亮起红灯。

灯箱正中央竖排一组上下 5 盏方形"菲涅尔透镜灯"，由上到下同时发出 1～5 层光束，每层光束保持不同角度和不同颜色，飞行员位于不同下滑位置（或高或低或正常）只能看到其中一盏。1#灯（黄色），2#灯（黄色），3#灯（橙色），4#灯（红色），5#灯（红色）。

当母舰禁止着舰时，菲涅尔透镜灯也全部关闭。可见，基准灯和禁降灯属于信号告示灯，而菲涅尔透镜灯才是真正判断下滑角大小、下滑位置高低的校准修正灯。为了保障舰载机顺利着舰，在甲板着舰区左舷，还有一组人员负责目视监督并协助飞行员着舰，他们全部由经验丰富的飞行员轮流担任。他们熟悉每名飞行员的驾驶习惯，通过无线电通话设备和控制菲涅尔透镜灯,及时提醒飞行员修正错误。

每次执勤有6~8人,一名资深飞行军官担任长官。具体分工:①1名飞行任务联络员,负责接受飞控中心指令,了解每架着舰飞机起降情况。②2名TV监视员紧盯摄像机和雷达监视器,并大声通知指挥官飞机下滑情况。③2名目视观察员凭经验目视判断飞机下滑偏差并听取TV监督员的报告,指挥飞机修正。④2名决断控制员,手举"禁降灯"开关器(一绿一红),若发现100 m距离内下滑情况不妙,立即切断绿灯全部转换成"禁降灯"(红灯),警告飞行员立即"复飞"(逃逸);一旦飞机复飞成功,还要马上切断"禁降灯"(红灯)恢复绿灯,保证后续飞机继续着舰。⑤1名指挥官密切注意飞机着舰后是否勾住阻拦索,一旦发生意外,指挥官大叫"复飞、复飞",他的话筒能压倒所有人的通话而不受干扰。⑥1名信号员手持绿色信号板(或红色),跪在阻拦索左后侧,一旦灯光及无线电故障,能使指挥信息不间断。

4. 短板、缺点

菲涅尔光学透镜降镜系统使用简单可靠、目视直观,一问世便为英美等国航空母舰普遍使用。但是,它却有个最大的缺点:遇到阴雨雾云,常常显得"力不从心",无法可靠地帮助降落。为此,美国海军又开始在航母上安装雷达助降系统,即全天候自动着舰系统。

这套系统由舰载设备和机载设备联合组成。当舰载机准备着舰时,先由"塔康"空中战术导航仪引导,然后由舰载盲目着舰雷达精密跟踪,将观测到的舰载机飞行数据传至舰载数据处理机;数据处理机适时求出舰载机的航线,并与规定的航线相比,得出纠正数据,后由指令发信机发出。舰载机上的指令接收机收到信息后,就可以指挥自动驾驶仪和耦合器操作舰载机进入规定航线了。

不过,雷达助降系统还是有与生俱来的缺点——易受电子干扰。这又使得一些海军专家开始琢磨和研制效果更好的电视助降装置系统、激光助降装置系统等。

以电视助降装置为例,该系统可供飞机日夜着舰作业,不停地监视和记录着舰情况,并向助降军官提供飞机着舰时最合适的调整航线信息。它与其他助降装置系统配合使用,可互相取长补短,获得最好的效果。

第二节 归因于BHI的重要事故报告

1974年1月,在美属萨摩亚的帕果国际机场的商业航班悲惨的意外事故中,一架波音707客机坠毁,飞机上从第5号跑道一直坠滑到1 025 m处。美国运输安全委员会(NTSB)发现,事故的诱因很可能是在最后进场和着陆阶段,飞行员未能察觉这种GPO。恶劣的天气条件以及黑洞错觉(BHI),造成事故发生,并且造成机组成员误判,只有5人幸存。事后事故调查发现,跑道的长度和宽度是2 743 m和46 m,长宽比约为60,在跑道上设置进场坡度指示灯。这些情况都是正常条件。副驾驶在事故中幸存下来,但根据他的记忆,并没有看到这些灯,飞行员在12.8 km的跑道处报告"远方出现进场跑道",这表明,该进场过程中,使用的方式是视觉进场。这可能是第一次使用BH的短语的官方报告。

1991年10月,加拿大空军的一架C-130飞机坠毁在埃尔斯米尔岛跑道很近的地方(见

图 3-4）。这个岛是在加拿大北极地区最北端的岛屿。1993 年,罗伯特在他的著作中描述了这起事故。标题是"死亡和审判"（Death and Deliverance）,后来根据这本书拍摄的一部电影叫《北极考验》（Ordeal in the Arctic）。在当时的情况下,飞行员的做法明显错误,他不按照仪表进场,而是使用了视觉进场,结果诱使了黑洞错觉。很多空间失定向的飞行事故,因为发生在几十年前,被认为属于"过时错觉"。不幸的是,事实并非如此。例如,在 1997 年,一架塞斯纳飞机坠毁在距托马斯维尔京群岛 4.8 n mile 的加勒比海中,2 名乘客死亡,3 人幸存。美国国家运输安全委员会的报告得出的结论是:"证据显示,黑暗的水天相接,使飞行员缺乏视觉线索,形成一个黑洞效应,使飞行员失去了高度感觉。"

图 3-4　加拿大空军的 C-130 坠毁在埃尔斯米尔岛

在 1997 年,坠毁在关岛的一架波音 747-300 飞机,其价值 6 000 万美元,机上共 254 人,其中 228 人死亡。NTSB 发现,事故发生的原因可能是飞行员发生了情景意识缺失,从而导致不恰当的简化过程,而不是完全按照指令入场,这导致低空入场时的黑洞错觉,如图 3-5 所示。

图 3-5　波音 747-300 飞机坠毁在关岛

1999 年,美空军 C-130 运输机,在科威特的夜间目视进场,着陆时在空军基地旁 880 m

的地方坠毁，机上 3 人死亡，如图 3-6 所示。调查发现，事故的原因是飞行员的人因失误。调查结果证实，飞行员未能按照正确指令进行操作，在飞机的最后进场阶段，其出发点是 3°，但下降通道中很快就变得太快（GP 达到 6°~7°），在降落前，也没能恢复到正常的下降通道。

图 3-6　美空军 C-130 运输机坠毁在科威特

2001 年，在格陵兰岛纳萨尔苏瓦克，一架猎鹰号入场坠毁在七号跑道。丹麦航空调查委员会确认，飞行员选择视觉进场，而不是仪器，飞行员目不转睛地观察跑道，因此导致黑洞错觉，结果接近的高度太低，导致飞机受控飞行撞地。

2002 年，联邦快递的一架波音 727 飞机进场时在塔拉哈西地区机场坠毁。在最后进场阶段，飞机撞上了一棵树，然后坠毁，3 名机组人员受了重伤，飞机被摧毁。飞行员驾驶飞机对准跑道，但飞机下降速度不断增加，要求下滑通道参考的角度为 3°，实际情况低于这个值，造成在飞行员视觉中实际下滑道向下凹陷，即产生了 BHI。调查中发现，从飞机滑行路径看起来，飞行员下降时所产生的 BHI 似乎开始于距离跑道约 10.1 km，直到与地面相撞。根据 NTSB 的结论，事故发生的原因可能是在夜间目视进场和着陆过程中，不能够建立和保持一个适当的下滑道。

2006 年 5 月，一架 F-16 战斗机险些出现一次事故。在距离降落跑道 0.9 km 的位置，飞机距离地面的高度不足 6 m。当时，飞行员正在一个缺乏进场照明系统的野外辅助机场上练习夜间视觉进场，机场能见度较低，但装备了精确进场通道指示灯光。然而飞行员并没有及时在精确定位后采用仪器进场，仍采用目视。飞行员飞行期间对于地表特征的过度自信和延时启动进场险些酿成事故。

国外航空心理学界研究发现，在德国 Spangdahlem 空军基地（见图 3-7），五号和二十三号跑道被称为飞行员的墓地，这里经常发生黑洞错觉。五号跑道底部是不断向上的攀登地形，再加上跑道向上的斜坡，这样就构成了一个非常陡峭的向上的斜坡；二十三号跑道所处区域本身有个陡坡，然后是一个 65 m 长的涵洞，直接连接到跑道上，跑道是向下倾斜的。在这里，无论是障碍物或飞机员的实际的驾驶感受都是极其独特的，堪称王牌飞行员的摇篮或是墓地。当然这样一个机场每年报废几千万美元的飞机，却依然存在，实在令人费解。事故的核心是基本的视觉错觉问题，虽然从 1985 年开始就有一系列的 CFIT 类型的短距离着陆事故，但令人悲哀的是无论北约军方还是德军军方依然将该机场投入使用，军方认为虽然有着众多事故但仍可以作为训练基地。

图 3-7　德国 Spangdahlem 空军基地（源于 google earth）

总之，以上事故无一例外地均和飞行员发生了黑洞错觉有关。所有这些事件都表明，飞行员对于其自身的心理和生理过多信任，也表明了当前对于这种错觉仍缺乏研究。

第三节　以往对 BHI 成因的假说

错误感知高度和距离，及时间空间线索是造成飞行员估计下滑通道出现错误并出现黑洞错觉的主要成因，但是关于如何导致错误感知高度和距离，前人多基于生态学理论加以研究、论述。

一、大小、形状、深度的一致性致错

根据 Gibson 对于表面透视的描述，关于形状和深度的图像是基于视网膜上的成像，因此看上去又长又窄的跑道就会造成 GPO。在通常情况下，当飞行员的高度比较高，距离跑道又较远时，就会看到一条又长又窄的跑道。缺少周边线索，飞行员难以将视网膜图像直接转换为三维知觉，即很难感觉一致。

二、感觉一致性冲突

在缺少特征的地域，无论是在整体还是在局部都缺少目标物，都无法证实视网膜上影像的大小。McKee 和 Smallman 建立了一个模型，对于感觉一致性进行双重处理（dual processing），这一模型的关键点是在目标物尺寸和视网膜视角大小之间进行交叉比对，由此对于深度、距离和尺寸线索做出对比和确证。

三、对进场中间视角估计过大

对于一条长跑道（例如一条 2.4 km 长的跑道），飞行员进场前会有预估，但在视野中央部分其视角明显偏小，这就构成了冲突。其结果是视网膜上的图像，再加上对于跑道在纵深上的实际长度的觉知，导致了对于中央视角的估计过高。可以这样认为，机场的跑道长度看似比真正的情况要更长。McKee 介绍了这样一个公式，飞行员的不同视角，其实可以替换成为统一视角。比如跑道的视觉领域中，由于观察角为 0°，余弦和正弦值分别为 1 和 0。Baird 和 Wagner 最后将算式表示为

$$\cos\theta = \frac{d^2 + ds\cos\varphi - hs\sin\varphi + h^2}{\sqrt{(d+s\cos\varphi)^2 + (h-s\sin\varphi)^2}\ \sqrt{(h^2+d^2)}}$$

$$\cos\theta = \frac{h^2 + d^2 + ds}{\sqrt{h^2+d^2}\ \sqrt{h^2+(d+s)^2}}$$

式中，h 为飞行员所在高度；d 为距跑道的距离；s 为跑道长度；φ 为观察角。

因此，上面简化公式中的视角随着飞行员所在高度、距跑道的距离以及跑道长度的增加而减小。Crassini 认为，飞行员进场时，会有整体视觉的变化，但不会倾向于知觉所有角度，而是统一称为一种整合策略，只要飞行降落时采用这种整合策略，就会启动降落入场。经过一些练习的飞行员开始更多地使用 Tau 变量（后文有具体描述）来完成类似的 TCC 任务。飞行员在慢速或熟悉进场时，才采用一个整合性的变量。如果这个变量没有得到很好的应用，就会产生下滑过快，导致坠机。对于中间视野里格外低浅的视角，透视缩短对于深度知觉产生了影响，由于周边环境的参照物补偿，目标物看起来要更长。这可能导致错觉，使跑道看起来要更长一些。

四、地面缺乏线索

整体或是局部缺少目标参照物，或地域缺少特征，就无法产生出跑道是大地表面上一个平坦平面这样的感觉。缺少定向线索使得跑道看上去"漂浮"了起来，因此无法确定正在进场的飞机距地面的高度和距离跑道的高度，也无法产生适当的深度知觉。而且，在这种缺乏线索的环境中，还缺乏对视网膜图像做相对比较所需要的大小、形状和深度知觉的一致性线索。同时，地面的方位定向很难产生相接平面的排列方式，而且无法产生具体的参照系统，黑洞错觉环境也缺乏来自视觉的有关地表的空间安排信息。缺少透视信息，进而造成黑洞错觉，Perrone 的形式比率理论也支持这一原因。

五、地理偏斜致角度知觉错误

视觉偏斜是指在地理偏斜（在地形上存在坡度）包括视觉偏斜上产生的对于高度、角度、位置的错误估计。由于距离、深度知觉以及定向线索全部缺乏，因此无法感觉到地理偏斜。机场的视像为飞行员直接提供了非常重要的判定相撞时间的线索信息源，即观察跑道的视角与移动视角的变化率的比值。也就是说，只要保持 Tau 的变化率在一定阈限以上就行了。这样，就能保证在到达物体前停止，这就是所谓的"T-dot 策略"。这个策略性的视觉信息直接指挥飞行员何时刹车，因为这个比值能够让飞行员知觉到离障碍物即将碰撞的时间是多少，虽然无法有意识地报告出离碰撞时间是多少，但观察者无须估计物体的距离，也无须估计物体迫近的速度，只需依据 $t(x) = x/(dx/dt)$ 来控制行为的输出。如果无法知觉到这一线索，在黑洞进

场的情况就会对视觉偏斜的差值估计过大，导致坠毁。

六、对进场灯光系统的错误知觉

开发出进场灯光系统（Approach Lighting Systems，ALSs）的目的是在视线不佳的环境下由仪表飞行转为视觉飞行的过程中，扩展飞行员这一端的跑道环境。然而这样的灯光系统会在进场时主观上增加飞行员的跑道主观长宽比值。

七、等深度距离趋向致错

Gogel 认为，等距离趋向发生在当目标物出现，感觉上两者与观察者的距离相等，并且没有其他的视觉线索时。对于在深度上倾斜的目标物，等距离趋向更加倾向于有透视效应的即位于前面的平面。换句话说，更容易看到的是机场跑道旁的平面而非跑道，这将导致对于倾斜的估计过度。

八、对于倾斜的感觉错误

Perrone 设计出一种在视觉上对于倾斜产生错误感觉的总体模型，并将这一模型应用于黑洞错觉的理论模型建设。Perrone 的模型被诸多航空生理学家和心理学家认为是有关黑洞进场错觉的最为领先的理论和解释。根据 Perrone 的解释，可知他受到 Lee 等人的影响。Lee 提出一种非基于计算的视觉变量 Tau，指飞行员进场时，所产生的视觉膨胀的相对比率的倒数。需要注意的是，在这里 Tau 的获得与飞机运动距离和运动速度不直接相关，而是一种建构于两者之上的高级变量。在 Lee 看来，Tau 变量是唯一能够直接得出的进场的时间变量。Perrone 的模型对错误的感觉进行了量化，计算公式为

$$\tan\beta = (2DL\sin\theta\tan\theta)/[W(D+L\cos\theta)]$$

式中，D 是飞机和跑道之间的距离；W 是实际的跑道宽度；L 是目标点以外跑道的长度；θ 是所需的下滑角（$3°$）；β 是感觉到的下滑通道。在黑洞环境里，飞行员对于所感觉到的下滑通道出现了过度估计，如图 3-8 所示。

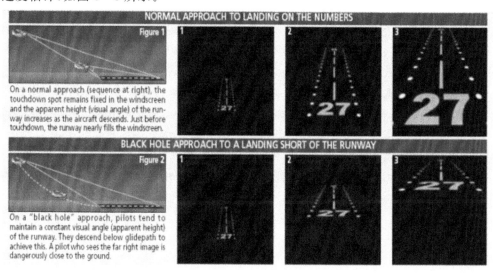

图 3-8　正常进场和发生黑洞错觉进场的飞行员视觉角度对比

〰〰〰〰〰〰〰〰〰〰〰〰〰〰〰〰〰〰〰〰〰

飞行视窗:传统心理学有关视知觉的研究

一、知觉恒常性的实验研究

知觉的恒常性指的是对物理刺激变化而保持稳定的知觉现象。

1. 经验和直觉恒常性实验

(1)知觉不单纯是客观世界的映象,而且还包含着人对客观感觉信息的解释和推理,因此人的过去经验在知觉中起着重要作用。知觉的恒常性作为知觉的特性,正说明了过去经验在知觉中的作用。

布伦斯维克提出了一个测量恒常性程度的公式,即布伦斯维克比率:

$$BR = (R - S)/(A - S)$$

式中,BR 为布伦斯维克比率,一般用百分数表示;R 为被试知觉到的物体大小,亦即被试对大小判断的结果;S 为根据视角计算的物体映象大小;A 为物体的实际大小。

(2)指导语对知觉恒常性的影响实验。

简单的几何图形以不同的倾斜角度呈现,要求被试判断观察到图形的形状,但给予三组不同的指导语。

第一组:根据客观或已知形状判断。

第二组:根据物理的网膜像的形状判断。

第三组:根据观察图形的表面形状判断。

实验结果:三组的布氏比率分别为 0.58,0.21,0.30。

结论:指导语这种先前经验对后来的知觉判断影响很大。

2. 大小恒常性实验

(1)埃默特发现,知觉到的后象的大小与眼睛和后象所投射的平面之间的距离成正比。后来这条规律被称为埃默特定律:

$$a = \frac{A}{D}$$

式中,a 为实际物体在网膜上成像的大小;A 为物体的大小;D 为人眼和物体之间的距离。

(2)大小恒常性指的是当观察物体的距离改变时,知觉到的物体大小保持恒定的现象。

测量大小恒常性实验如下。

观察者坐在两个走廊的交叉拐角处,其中在一个走廊距离观察者 3 m 处放一个大小可调的圆形的比较刺激物,而在另一个走廊距离观察者 3～36 m 处分别放数个圆形标准刺激物,其大小都使得其在观察者视网膜上的投影相等。观察者的任务是调节比较刺激的大小,使其与不同标准刺激实际大小相同。此任务在四种条件下完成:①正常双眼观察。②单眼观察。③通过人工瞳孔的小孔观察以消除深度线索。④通过人工瞳孔观察,同时消除刺激周围的各种景物和背景线索。

实验结果(见图 3-9):横坐标为刺激距离;纵坐标为调节比较所到的大小;条件①～④依次对应于从粗到细的线条;对角线虚线为完全遵守恒常性时的判断;下方横向虚线为大小恒常性为零的判断。

结论:深度线索和视觉结构共同对大小恒常性起决定作用。

3.形状恒常性实验

形状恒常性指的是从不同角度观看一个熟悉的物体时,虽然物体在视网膜上的映象不同,但是我们仍把它知觉为一个恒常的形状。

观察者对测验物体的形状判断大多在物体的真实形状与倾斜形状之间。判断的条件越少,判断形状与真实形状的差异越大,但即使在正常的视觉条件下,观察者也很少表现出完全的恒常性。

年龄与形状恒常性关系实验如下。

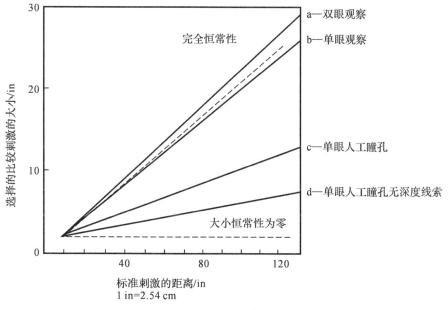

图3-9 实验结果

先给被试呈现一个目标刺激,即一个可以倾斜成各种角度的圆形。然后要求被试在四种倾斜角度的比较刺激中选择一个与目标刺激实际形状相同。这些比较刺激是一系列圆形到逐渐拉长的椭圆形。

结果:形状恒常性随年龄的增长呈下降趋势。

结论:形状恒常性不是经验的结果,而是先天的能力。

二、空间知觉和运动知觉的实验研究

1.空间知觉实验

空间知觉指的是三维知觉,人眼能够在只有高和宽的二维空间视象的基础上看出深度,这依赖于线索。

线索指的是人在空间知觉中判断物体的空间位置所依赖的许多客观条件和机体内部条件。

判断距离起作用的条件主要有三类,即生理调节线索、单眼线索和双眼线索。

(1)生理调节线索:纯生理上的调节线索,包括睫状肌对水晶体的调节和双眼视轴辐合。

(2)单眼线索:刺激物所具的许多特征的深度线索只需要一只眼睛就能感受到。这些线索一般是空间视觉的物理条件,由于人的经验作用加工而产生。单眼线索具体有:①遮挡。一个物体遮挡住另一个物体的一部分。②线条透视。同样大小的物体近大远小,体现在线条方面就是平行线在远端的汇聚趋势。③运动视差。在做相对位移的时候,近的物体看起来移动得快,远的物体看起来运动得慢。④纹理梯度。距离增加,组成结构表面的纹理密度越大。⑤高度。高水平面上的物体看起来较远。

津巴多普通心理学

有一只眼睛(或双眼)的飞行员所能学习的,对飞行有用的单眼线索。

1)如果两个尺寸应该一样大的物体在视网膜上成的像大小不等,观察者通常会认为这两个物体距观察者的距离不同。所以,低飞的飞行员可以把地面上一些熟悉物体的相对大小作为判断高度和距离的线索。出于相同的原因,那些在汽车上装配广角后视镜的汽车制造商会在后视镜上刻下以下警告:"镜中的物体比看起来要近。"

2)浅色的物体看起来离我们更近,而深色的物体看起来离我们更远。所以,光与影可以一起作为判断距离的线索。如晚上开车打开头灯的时候就会注意到这点:那些反射大多数光线的汽车看起来更近,而那些反光并不强烈的汽车看起来更远。

3)假设距离我们较近的物体会遮挡住后面更远的物体,这种判断距离的线索叫作插入。由此,我们知道部分被遮挡住的物体比那些遮挡它们的物体要远。如书本遮挡住了部分背景,因此可以判断背景中被遮挡的事物比书更远。

4)当你移动的时候,处于不同距离的物体在你的视野里看似以不同的速度移动,或会发生不同的相对运动。你在车开动的时候向车窗外望出去就会发现这一点。你会发现路边的电线杆或栅栏向后飞速运动,而远处的物体会在你的视野中停留更长的时间,看起来好像它们移动得更慢。利用这一线索,飞行员学会调整下降速度,在视野中将跑道末端保持在风挡的固定位置上,这样可以让飞机以完美的滑翔路径降落。这是因为,在高度不变的情况下,更远的物体在视野中会向上移动,而距离较近的物体会向下移动。

5)雾霾会让远处的物体看起来模糊不清,难以分辨或者根本看不见。这就创造了另一个后天习得的,用来判断距离的线索,叫作大气透视。大多数飞行员在熟悉的机场周围会辨认一个距离跑道5 km左右的地标,他们就知道必须使用仪表来进行降落了。

(3)双眼线索:主要指双眼视差。由于人类双眼之间6 cm左右的间距,近处物体在双眼视网膜像会有差异,从而形成立体效果。

潘弄融合:在给定的视野单像区周围很小的一个区域内,刺激依然能在双眼网膜上形成单像。

双眼竞争:投射到两只眼睛的视像差异较大,从而造成两个视像中有一个占优势,而优势在双眼之间来回转换,有时差异较大的视像也能产生暂时的融合。双眼竞争可应用到对不同图像微小差异的分辨上。

中央眼:人对外界的观察大多得到物体单一的像,如同是用一只眼睛看到的,双眼好像一只主观上假象的单一器官。

双眼视差实验

用计算机制成一对随机点子图。两张图中除了右图中央一小块比左图的中央一小块略向左移动一些外,其余相同。将两张图以不同的方式呈现给被试,看是否产生深度知觉。

结果:当把两张图中任何一张呈现给被试时,或把两张图呈现给被试的一只眼睛看,被试均不产生深度知觉。但是若把它们放在实体镜上分别单独地同时呈现给被试的两只眼睛看时，被试产生了深度知觉。图中央的一小块突出地浮现在周围的点子背景之上。

结论：在完全缺乏单眼线索的情况下，双眼视差依然能产生深度知觉。

2. 运动知觉实验

运动知觉：物体在空间的移动都有一定的速度，它们在空间的位置变化反映到我们的视网膜上，使我们产生它们运动的感觉。

真动知觉是指我们所见到的物体确实在移动，而且其速度达到知觉阈限。有时错觉会使我们觉得静止的物体在运动。

1) 诱导运动：由于其他物体的运动使得被观察的物体好像在运动（云遮月）。

2) 似动现象：也叫 β 运动，当把两个有一定空间间隔的静止目标先后连续呈现时，若时间间隔和空间距离恰当，便可以看到目标从一个位置向另一个位置运动。

3) 自主运动：在漆黑的房间内注视一个固定的光点一定时间，其好像自己会动了。

4) 运动后效：由于前面知觉到的运动在运动刺激停止之后仍然存在，使人觉得静止的物体仍在运动（如瀑布错觉）。

第四章 飞行员进场时间与空间线索研究
——BHI 成因的行为学机制

进场黑洞错觉行为形成的原因在心理学意义上是一种视觉指导行为中对空间和时间线索的错误知觉。近几年来,关于视觉指导行为,研究者主要集中在研究探讨视觉指导行为中的每项任务的控制规律,比如操作者如何在操作过程利用当前信息进行判断,尝试从行为的启动和控制流程中寻找各种线索对接触的影响。常见的视觉指导行为的模型有飞机进场、刹车行为和拦截球体等。

第一节 视觉指导行为理论对错觉形成的解释

在三维环境中,对于个体来说,其与环境的相互依存有着极其重要的意义,观察者在视觉上感觉自身或外物接近时,通常会引起个体对其做出反应,例如洞穴人避免捕食者的捕猎,或者奔跑躲避碰撞。这种能力在个体生物演化中具有很强的选择压力,完全进化出视觉指导行为的个体倾向更加适应环境。一般认为这个行为的序列可以长时间保持在长时记忆中并在漫长进化中遗传给下一代,如图 4 - 1 所示。

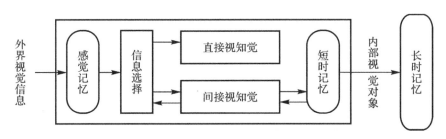

图 4 - 1 视觉指导行为的行为序列

生物利用何种物理上的视觉线索在有限空间和视觉线索内避免相撞和获得接触,以及其神经生理机制是什么,近年来成为国内外生理学和工程学以及心理学研究的热点,这些研究对于航空、军事、交通、人工智能都有很大的实践价值。视觉信息是如何用于控制接触或碰撞行为的? 把前人研究归纳起来可得到两种假设。

一、零误差假设(the error - nulling assumption)

零误差指理想值与瞬时值差异不大时个体能够较好地达到目标。在个体相撞任务中,每个相撞过程中,个体都会假设一个理想状态(ideal state)。例如,在驾驶汽车驶向收费站时,理想状态即为个体不需要做过多判断就可顺利驶达的状态。刹车制动后，理想状态可以使个体在一定时间内准确停靠在目标之前，当然期间需要一个固定的减速比例。相同地，我们也可以理解瞬时状态（current state），即实际情况，个体实际的操作模式和流程。当两者相差不大时，个体较好达到目标；如果相差很大，个体就需不断调整过程从而较好完成任务。Brett 和 Fajen 认为观察者并不需要确切知觉理想和瞬时状态的值，而是知觉到一种特定的视觉流图式，当这种视觉流图式改变时就意味着理想值和瞬时值之间有较大差异，从而需要进一步调整使视觉流图式回到正常状态，此时任务才能够得到较好的完成。这时观察者就不需要精确估计出理想值和瞬时值，相对而言，这种策略更加有效。

二、单一视觉变量不变假设（the single optical invariant assumption）

不变的视觉量是指在人和环境的系统中存在一种相对特定的比例，这种比例轻易不会发生变化。当物体迫近个体或个体接近物体时，即将相撞时间是非常重要的信息。个体如果在其即将相撞时计算相撞时间，一个潜在的途径是通过物理学公式，即距离和速度的关系进行计算（$t = s/v$）。这种计算方式符合生态学和结构主义的观点（the constructivist approaches）。

生态学中的结构主义认为个体是利用速度和时间比来估计即将相撞时间的，把它看作是复杂的个体与相撞物之间的预测系统，所知觉到的物理信息需要经过主观意识层面的并行型加工，即需要经过一步步的加工和计算得出相撞时间。

研究者很早就发现，只要我们认识到视网膜的二维表征信息，就可以利用数量表征出相撞时间表达式。Gibson 提出的生态光学化应用理论，就认为不变性其实是动态变化刺激流中的固有恒定模式，对这些固定模式的直接性拾取（pick - up）就是个体知觉。比如说，从不同的角度看，房间陈设的各种家具分布在不同角落，但对于个体知觉我们却在不同时空下才能够识别。与之前结构主义观点相似，生态光学理论（ecological optics theory）认为人们直接感知相撞目标，即神经系统无须串行式计算，直接导致或指导行为，从而做出对迫近物体的反应。

视觉信息在环境中是以光学矩阵方式（optic array）组合集中出现的，运动物体呈现视觉信号的矩阵排序，从而个体对物体运动的知觉并不需要通过有知觉意识的充分表征。我们所知觉到的光线分布的结构、外物表面质地的密度及物体具体影像都是按照我们的观察视角规律变化的。光流（optic flow）中知觉到的运动物体都可以大致提供这样两类定位线索，即分别由物理和视觉变量决定的物理信息及视觉信息。物体信息变量与视觉信息变量之间存在着对应的联系，这些都由专门的神经元或者神经模块对其串行加工。

Schiff，Caviness 和 Gibson 利用物理投射装置做了一个经典实验，在屏幕上呈现影像，并使其迅速、对称性地扩大，便诱发了动物逃避行为，这个实验结果支持了二维信息可以直接引发动物对即将相撞视觉线索的感知。在人类婴儿的实验中，也发现了类似的现象。单纯、对称、均匀的扩大呈现屏幕上物体图像，同样也会诱发 4 个月至 9 个月大的婴儿的防御性反应，到 9 个月的婴儿时，这种防御性反应已经较为明显，并且在稍大的婴儿更加常见。

这些研究结果表明我们对视觉信息的加工可能是直接的。Wheatstone 充分探讨过个体相撞的感知性的问题。在其文中，Wheatstone 曾认为，在视网膜上，当物体视像看起来对称、均匀扩大时，即使物体本身实际扩大为零，我们也会知觉到其影像扩大而主观感觉到物体似乎正在朝向我们做迫近运动。Hoyle 在其对二维视觉表征的视像研究中,研究了个体相撞时间差值,并做了大量数学推算,认为就人类神经系统的单眼线索而言,某个物体如果起初视角为 θ,当这个物体以匀速直线向我们渐渐迫近时,它在视网膜上相应成像也会自然对称地扩大。而恰好是这种物体视像对称、扩大的相对速率充分提供了个体和物体即将相撞的时间信息。这也许表明我们对与周边三维世界的感知,完全可以用接近三维的二维的平面系统来表征。最后,他给出了一个描述具体相撞时间的公式:$\mathrm{TTC} \approx \theta/(\mathrm{d}\theta/\mathrm{d}t)$。其中,$\theta$ 是个体在渐近物体迫近时觉察到的物体瞬间视角,$\mathrm{d}\theta/\mathrm{d}t$ 是视角变化的速率。在这个研究的启发下,研究者将目标从启动运动到运动到个体的时间(或者个体启动运动一直运动到目标物的时间),称为相撞时间 TTC(Time to Collision)或两者的接触时间(Time to Contact)。对于相撞性运动,需要进行接触时间的估计。一些生态学学者后来认为时间变量 Tau 是可以直接由个体知觉到的而并非是个体通过实际意识层面计算得到的。

第二节 Tau 理论的研究进展

一、最初 Tau 理论的提出

在 Gibson 等人的"直接知觉"的生态化理论基础上,Lee 提出了一种非基于计算的视觉变量 Tau,指个体充分靠近物体时,所产生的视觉膨胀的相对比率的倒数。需要注意的是,在这里 Tau 的获得与物体的运动距离和运动速度无直接关系,它是一种建构于两者之上的高级变量。当物体形状或者大小发生改变时,在 Lee 看来,Tau 变量是唯一能够直接得出的物体相撞时间的变量。而且,低加工水平的某些视觉变量,如知觉视角和边缘膨胀比率,都会受到其他因素的影响,比如受物体大小的影响。因此,Tau 变量被称为特定或固定的视觉变量(specifying variable),而知觉视角和边缘膨胀比率是非特定变量(nonspecifying variables)。因为特定变量在条件改变时可以保持不变,所以,在其他条件改变时,就可依然保持个体知觉和运动的连续性。但非特定变量在某些实验室操作环境等非自然条件下表现较好,但不是在所有环境中都有较好的表现。因此,关于 Tau 变量,实验室研究的主要目标是找出这些视觉的特定变量和环境中的特定比率,并设计实验来证明人们确实是利用这些特定变量来知觉环境并且控制自身行为的。

Tau 假设的提出,可以为我们提供一个这样的理论,即我们仅利用一个变量就可以进行相撞时间的估计。它的提出引出了很多研究者支持。Warren 考察了被试在跑步机上奔跑时调整单位步长和时间的情况,实验在室内的带有一定倾斜或平面的跑步机上进行。在跑步机传送带上,有很多人为标定的相对于周边水平突起的目标,要求被试在奔跑时尽可能踩踏到或捕捉到目标。结果发现,被试几乎都是通过改变单脚落地的高度从而达到调整落地时间的目的,而没有采用水平加速或加快步伐等其他辅助性策略。Warren 认为,被试没有利用距离和水平加速或加快步伐等其他信息,而只采用了一种策略即时间差值来改变落脚的高度,以改变落地时间。这里,时间差值为两个目标间的时间值的固定差,即在第一个目标上起脚到第二个目标上落下的时间。此研究支持 Tau 假设。在后续研究军鸽的飞行录像中,军鸽开始启动降落,伸出爪子准备着落时,人们发现它也是利用 Tau 线索来精确控制其和目标之间的时间线索从而实施其登陆行为的。

Wagner 研究认为,果蝇降落时的减速行为也是在视觉扩张率与客体知觉大小达到一定比例时激发的。Davies 和 Green 考察了白头鹰落地时的行为动作,发现白头鹰也根据 Tau 线索来决定何时着落。Shankar 和 Ellard 发现田鼠也利用接触时间进行运动,损伤视觉皮层后将永久削弱其利用接触时间即 Tau 线索来进行调整方向和避免相撞的能力。

二、新近发展的 Tau 线索理论

Ramachand 提出一些可利用性的知觉适应理论(utilitarian theory of perception),认为生物个体的视觉可以具有高度适应性和变化性,并可以被个体利用,可采用多种策略完成既定的任务。与事件发生的速度相比,人类的行动速度比较迟缓,尤其当我们决定该如何反应时,物体已经移动到新的位置了。在实际生活中要利用时间线索来协调自己的慢动作。个体用来估计 TTC 的线索可以有很多,但以往实验中均没有很好排除其他估计相撞时间的线索,也即 Tau 线索总是和其余距离信息、速度信息等共存在一起,导致几个线索无法分离。故而他认为,运动的任务性质决定了三种 Tau 线索的存在、Tau 的独立存在、Tau 和其他线索共存,以及其他线索排除 Tau 而独立指导行为。

按照他的说法,自变量包含了所有可能使任务完成的有用线索,如在时间自变量控制较严格的情况下,被试利用线索来估计相撞事件的时间,而在其他几种线索占优势的情况下,说明可能附着于其他优势线索。在这样的情况下,只能说其他线索与 TTC 有关,而不能说是单一的 Tau。

但 Tau 线索在一些研究中被证明并没有直接指导行为。如 Tresilian 发现了直接影响相撞时间的三个光学环境矩阵,即相撞点的角速度和距离、个体角速度及整体 Tau 线索。Tresilian 提出了改良的 Tau:一是在某些复杂运动中,个体需快速估计时间空间线索的运动中,比如飞机进场、运动员竞技等。在这种情况下其他独立于或与 TTC 有关的线索可以不计,因为个体已经可以完全自动化操作这样的线索。二是在使用 Tau 不能有效、准确估计 TTC,目标任务时间松散,较长时距内的 TTC 估计误读这三种情况下,个体不用或较少使用 Tau,转而利用其他线索或几种线索结合使用。

改良的 Tau 理论较符合后来的实用性视觉理论,视觉可以与行为分离,一是直接感知,二是指导行为。在先前 TTC 研究中,没有区分这两种视觉。直接指导行为的视觉信息可以自动化影响行为;而"感知视觉"则明显需要视觉之外的心理过程参与决策。据研究这两种不同目的的视觉和行为具有不同的表征过程和加工形式,并且神经基础也不尽一致。比如,心理学研究史上有一个著名案例:一名病人无法辨认出外界朋友的脸部或外界信息的形状,却可准确地抓握物体。换言之,视知觉系统不能准确提供物体形状大小,却能准确指导行为。视觉生理学研究表明,认为视知觉与行为分离,是两个视觉皮层通路不同的结果。Ungerleider 提出了双视觉通路,认为从 V1 区投射至颞下皮层的"腹侧知觉系统"负责物体视觉认知和辨认,而从 V1 区投射至顶后皮层的"背侧视觉运动系统"则与物体的空间定位有关。

再如,研究 Tau 线索的两种实验范式,基于不同目的这两种范式分别对应于两种不同视

觉理论。第一类是基于行为输出,比如,驾驶飞机进场避免相撞或准确着落,即指导视觉;第二类是用来比较判断,比如研究接近物体的视觉边缘扩张,只是感知视觉。改良后的 Tau 理论(把任何变量对时间的相对变化率的倒数都称为这个变量的 Tau 函数。如果 Z 是一个随时间变化的量,Z'是它对时间的 t 变化率,那么 τ(Tau)(Z)就代表 Tau-margin,其值是 Z/Z',这是 Tau 理论中的定义)可以表述如下。

(1)用于准确性要求较高的时间知觉任务(快速进场或拦截行为)的 TTC 信息是 Tau-margin 的知觉估计,对其他类型线索可以不进行估计。这类任务的特点是,知觉速度要快。比如知觉物体的(启动时间不算在内)时间应短于 1 s,要求快速做出反应。

(2)执行 TTC 的任务不使用 Tau-margin 信息或利用其他信息,包括以下几种类型:一是 Tau margin 不能提供准确的 TTC 估计;二是时间上的限制,使用 TTC 信息非必要或时间的限制严格;三是要使用更长的时距(超过 500 ms)拦截任务,运动的认知成分不需要参与连接。

由此可见,改良的 Tau 理论比较符合对 TTC 决策的真实情况。

三、更加宽泛的 Tau 理论(General Tau theory)

早期 Tau 理论中,Tau 线索仅是一种在光线和物体比率之间的变量,指对象本身和图像在个体知觉范围内的立体变化的比率。然而,在更加广义的 Tau 理论中,Tau 变量不仅指光学可变量,或是时间可变量,更是一个变量的时间和空间的链接。$Tau(x) = X/x$,其中,x 表示的是变量 X 的一阶导数。

Lee 认为,按照相同等量的推算,从数学的角度来看,人类或动物是否真的完全依赖于广义 Tau 线索来指导所有的运动,目前仍然缺乏可靠的证据。对 Tau 理论的质疑主要来自两个方面:一是广义 Tau,虽然有证据表明,接住球的行为、制动行为利用的确实是 Tau 线索,但研究表明,对这些行为,Tau 线索是不是唯一的线索。二是 Tau 线索的研究是基于单眼线索,而在现实中,人或动物主要基于双眼线索。

近年来在单眼线索中,也有研究者认为广泛得到研究的闪光迟滞效应(Flash-lag 效应)可能部分地与 Tau 线索的利用有关。与物体发生的速度相比,人类的行动速度比较迟缓,尤其当我们决定该如何反应时,物体已经移动到新的位置了。我们要如何协调自己的慢动作与移动物体?方式之一是校准运动,利用运动来处理我们预期的事件发展,在日常生活中,我们在上电梯时就会产生一定的知觉和行动不匹配的状况。在三维世界中我们经常会产生知觉系统和行为系统的不匹配状况,并且有着一系列的应对策略。对这一现象,多年来研究者们通过对闪光迟滞效应的研究,总结了其相关的形成原因和过程。有研究者认为这和 Tau 的使用可能相关。

对闪光迟滞效应的过程及诱导可以参见 Michael Bach 制作的关于该效应的示范文件(http://michaelbach.de/ot/mot_flashlag1)。图 4-2 提供了静止图。示范文件中有个填满蓝色的圆形绕着十字旋转——注视十字,不要直接看圆形,以便确定圆形的移动穿过视野。有时圆圈内部会闪现黄色,但其位置会稍微落后圆圈一点,而且只出现一部分,这就是闪光迟滞效应。按下 flash 右上角"slow"按钮即可确认实际图形与颜色。当动画播放速度较慢,即可清楚看到整个圆形变为黄色，进而表明迟滞只是错觉。

闪光迟滞效应的工作原理可以表述为视觉感知需要时间，这在我们感知系统中是个基本的基线，在光线由视觉系统捕捉后，约需 0.1 s（多半耗在眼睛内的接收器反应的时间），信号才获得处理并达到皮层。这段时间里，比如在上述 flash 文件中，圆圈只移动了 1/4 in，约合 0.635 cm，而我们的知觉系统已经开始"预测"所能见到的圆圈的运动，大脑呈现一副外界"现在最可能如此"的影像给我们的视觉皮层，这样也造成移动的蓝色圆形和静止的黄色闪光产生不一致——蓝色圆圈的位置是推断而来的，黄色闪光则不是。大脑倾向于简单推断物体移动路径，这是闪光迟滞效应发生的原因之一，其发生时间与视网膜加入视觉处理过程的时间一样早。为补偿自身反应的缓慢，视觉系统让运动物体的最前沿造成最大刺激，进而尽快释放神经信号。

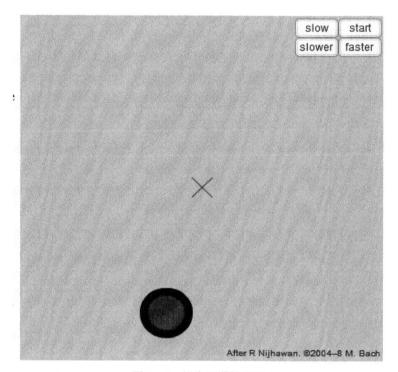

图 4-2　闪光迟滞效应图

对视觉处理过程的延迟，利用运动物体加以补偿，这是闪光迟滞效应出现的方式之一，不过闪烁的物体会被知觉到延迟。对此 Eagleman 和 Sejonowski 的解释是后期探测（postdictive）。他们认为，脑部也在极短时间（少于 0.1 s）计算闪烁后的景象表现，早于闪烁的运动则不再有意义。与两个闪烁光点可以看起来像一个顺畅运动的光点相似，只要大脑神经系统能把握好时间线索，填入两个光点之间的间歇运动，因为第二个光点出现前，脑部无法得知中间发生的事情。相似地，在这个闪烁迟滞实验中，圆环和下一秒的运动画面片段，构成一段要回头重组的过程。圆环在闪烁出现后仍然顺畅地移动，所以我们必须看到顺畅移动的圆环，闪光就会出现的有一点点晚，因为等到脑内重组景象时，圆环已经移开了。闪光迟滞效应表明我们所看到的世界并非是此时此景的，而是一段极短时间内的外界平均景象。移动的圆环看起来是超前闪烁的圆形，是因为在极短时间内，圆环平均起来的确超前于闪烁区。

在日常生活中，我们也能发现这样的例子，比如高速行驶的汽车尾灯闪烁，会使后车知觉到的前车实际距离要比真实距离要远。前车的真实距离也是基于我们的推测。在足球比赛中，出界规则的不透明可能与观察者和球（闪烁运动起来如同闪烁光点）之间产生某种的闪光迟滞效应有关。

第三节　对当前 Tau 理论解释飞行员进场行为的总结

Lee 等人为了进一步使 Tau 理论得到发展，普及了 Tau 的理论，来解释所有封闭的运动行为。在单一视觉量不变假设中，也同样存在非特定变量的问题假设，也就是说有问题的特异性和非特异性两个方面。现有的视觉引导行为的研究框架，假设了行为的成功归因于单一的视觉变量在各种条件下的使用。虽然这种假设在视觉引导行为中无须更多自变量控制上的努力，但是，控制行驶方向、制动、相撞、飞行员进场和其他闭环回路的行为是不可能不考虑非特定变量作用的。以舰载飞行员进场为例，如图 4-3 所示，其任务中对环境的判定、行为的控制，甚至注意资源的参与和分配都有非特定的变量的作用。

Jacobs 等人发现，一些受试者判断的相对质量和峰值时往往依赖于特定的视觉变量，另一些则依赖非特定的变量，这取决于他们是场独立性还是场依存性；会产生练习效应，练习可以帮助个体使用高级特定的变量。Smith 等人发现，经过一些练习的个体开始更多地使用 Tau 变量来完成类似的 TCC 任务；注意资源的分配和成功失败的奖惩都部分影响或决定被试是否采用 Tau 变量。比如在飞机进场的研究中，特定的视觉变量 Tau 在 TTC 任务中有着一定的受限范围，再比如有时被试会利用非特定视觉变量，如利用视觉膨胀率、物体大小而不是用 Tau，但这些常见于慢速或熟悉进场；用什么视觉变量存在个体差异，并且练习和经验可以帮助利用高级、特定的变量，较好地整合视觉变量还需要依赖一些其他因素，如条件范围、视觉条件、成功的评判标准等。再如飞行员进场，稍有不慎就会发生机毁人亡的事故，在非仪表的进场中会使用 Tau，而不是低级的知觉线索。

近年来，涌现出大量相撞运动，对进场运动的研究、研究的角度都有不同。个体基于什么样的信息开始启动，以及如何调整，这是研究人员关心的问题。总体而言，研究多集中在以下三个方面：相撞运动的接触时间的研究，即基于视觉变量估计运动目标到达相撞点的时间；移动物体的控制模型；相撞运动、进场运动的影响因素。前者研究相撞启动，后两者探讨相撞过程研究。

与一般生态学的方法相似，研究人员经常从经验中提取模型。在实践中，利用辅助的数学推导证明模型的正确性。然而，从研究的结果中得知，不同的人使用的策略是不一样的，而在人的相撞行为或进场行为中心理的波动也进一步增加了统合结果的复杂性。就目前来说，并没有对各种模型进行整合，也没有完全达到某一种模型的共识。

生态心理学的研究虽然能够真正简化问题，但在复杂因素的情况下，近似模型不能进一步预测实际情况。因此，在本书中不仅尝试抽象出舰载飞行员进场时的简单行为实验模型，而且还要在虚拟的多变量的实验中加以完整检验，这是两者在心理学层面上加以融合，以弥补行为学和生态学两种研究范式的缺憾。

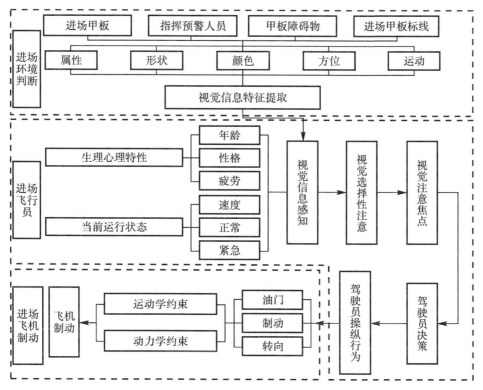

图 4-3 舰载飞行员进场的行为模型序列

第五章　态势感知和人工智能

第一节　态 势 感 知

研究者认为,在一战期间,态势感知是飞行机组成员最重要的素质之一。

常明等人的研究表明,态势感知丧失(Loss of Situation Awareness,LSA)是导致飞行错觉的主要原因之一。LSA 指飞行员面对众多复杂的飞行信息而不能或无法面对当时的飞行情景做出有效的判断,从而导致决策能力丧失的一种现象。它不仅是近年来空难事故的主要因素,也是导致高性能战斗机飞行员位姿估计错觉的主要因素。

一、态势感知定义

态势感知(Situation Awareness,SA)是对于一定时间和空间内环境中的元素的感知,对它们(元素)的含义的理解,及对它们未来状态的心理投射。"态势感知"来自于军事飞行员领域,在飞行员中实现高水平的 SA 是十分重要的,同时也有一定难度。虽然命名可能不同,但态势感知在许多领域都很重要。例如,在空中交通管制者的世界里,一般指的是一种想象,一种情境在意识中的表现形式,也是他们做出决策的基础。

将 SA 的正式定义分解为三个独立的层次:

水平 1(1 级)——对环境中的内容的感知;

水平 2(2 级)——对当前情形的理解;

水平 3(3 级)——对未来状况的预测。

(一)1 级 SA:对环境中内容的感知

SA 的第一步是感知环境中的相关元素的状态、属性和动态(见图 5-1)。对于不同领域和作业类型,所需的态势感知要求是完全不同的。飞行员需要感知其他飞机、地形、系统状态和警报灯,在驾驶舱里,持续监控所有涉及的系统和飞行数据、其他飞机、导航数据。一个军官需要探测敌人、平民和友军的位置和行动,地形特征,障碍和天气。不同空中交通管制或汽车司机有不同的态势感知。

信息可以通过视觉、听觉、触觉、味觉、嗅觉来感知。一个有经验的飞行员只是听到发动机的不寻常音调或看到在空气场上不一样的灯光就可以知道有些东西出错了。在许多复杂的系统中,电子显示器上会提供明显的提示,但现实是,1 级 SA 的大部分也来自个人对环境的直接观察——看窗外或感知振动。与他人的语言或非语言交流形成一个额外的信息来源,对 1 级态势感知有帮助。

每一个这类信息都与不同层级的可信度联系在一起。信息的可信程度(基于传感器、组织或个人提供),以及该信息本身,组成了大多数领域 1 级 SA 的关键部分。

在军事行动中评估复杂情境的所有方面往往是困难的。在航空领域,跑道标志可能会很难辨识,信息可能不会传递给飞行员。非常复杂的系统,如先进的飞机,有大量的信息竞争通道,使感知特定的信息具有相当的挑战性。

在航空领域的大多数问题发生在 1 级 SA。Jones 和 Endsley 发现,76% 的飞行员失误同没有感知到信息有关。在大约 2/5 的情况中,这是因为信息没有提供给需要它的人,或者因为系统的限制没有清晰地呈现。例如,跑道线已褪色和遮蔽,或静物遮蔽了无线电传输。在约 1/5 的情况下,他们确实检测到了所需要的信息,但后来在看了其他新信息之后把这些信息忘了。在约 1/3 的情况中,所有的信息都呈现了,但关键信息没有被发现。可能当时,他们被外界因素干扰,但更可能的是,他们处理的其他信息与他们正进行任务的信息竞争认知资源。在某些情况下,他们可能没有打开所需信息的通道,也可能他们正在查看其他显示器上的信息。

图 5-1　态势感知水平 1——对所需数据的感知

(二)2 级 SA:对当前情形的理解

实现 SA 的第二步是理解数据和线索对目标有什么意义(见图 5-2)。理解(第 2 级 SA)基于 1 级元素的综合,以及该信息与个人目的的对照。它集成许多数据,用来形成综合信息,并且优先考虑组合信息与实现当前目标相关的重要性。2 级 SA 类似于具有高水平的阅读理解能力,而不是仅仅阅读单词。

当看到指示灯提示起飞期间出现问题时,飞行员需要迅速判断问题的严重程度,并且将判断与关于跑道剩余量的数据结合,以便确定是否中止。新手飞行员能够形成与更有经验的飞行员相同的 1 级 SA,但是可能远不能综合各种数据与相关目标,得到对情境高质量的理解。

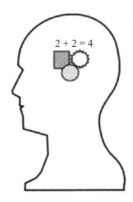

图 5-2　态势感知水平 2——信息理解

通过理解数据块的重要性,具有 2 级 SA 的个体可关联与特定目标相关的内容和意义与手头的信息。

大约 19% 的航空公司的态势感知误差涉及 2 级态势感知的问题。在这些情况下,人们能够看到或听到必要的数据(1 级 SA),但不能正确地了解该信息的含义。例如,飞行员已经意识到了他的飞机高度是 10 000 ft(1 ft=30.48 cm),但没有意识到他偏离了空中交通管制指定的水平,或者他偏离了空中交通管制指定的水平。从所感知的众多数据中建立对现状的正确理解相当困难,需要良好的知识基础或心理模型以便综合理解不同的数据内容。新手,或者处于新形势的人,可能没有这些知识基础,因此在培养 2 级 SA 时将处于明显的劣势。

(三)3 级 SA:对未来状况的预测

一旦人们知道这些元素是什么以及它们对于当下目的意味着什么,预测(至少在短期内)这些元素将做什么的能力构成了 3 级 SA(见图 5-3)。一个人只能通过了解情况(2 级 SA)以及他们正在使用的系统的功能和动态,达到 3 级 SA。

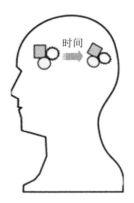

图 5-3　态势感知水平 3——对未来状况的预测

使用 3 级 SA,驾驶员知道如果他进入交叉路口,他很可能被马路上的汽车撞击。这个预测让他主动做出决定。飞行员和空中交通管制员可以预测其他飞机的运动轨迹并预见问题。

使用当前态势感知来形成预测需要对专业领域(高度发展的心理模型)有非常好的理解,同时这在心理上可能是相当困难的。许多领域的专家耗费大量时间来培养 3 级 SA。通过不断地预测未来,他们能够制定一套现成的战略和对事件应采取的行动。这让他们掌握主动权,避免许多不期望的情况,并且当不同事件发生时也可以快速地反应。

未能从第 2 级 SA 准确地形成第 3 级 SA 可能是由于心理资源不足(例如,如果人员超负荷处理其他信息),或者由于专业领域的知识不足。在航空领域只有 6％的 SA 失误在失误检验中属于这一类别。原因可能是在这个领域中获得的 1 级和 2 级 SA 方面存在着困难,而非在获得良好的 3 级 SA 过程中存在问题。由于缺乏足够的专业知识或设计精良的系统和用户界面,人们可能在 SA 的早期阶段失败,达不到 3 级水平。

为提高飞行作战效率,现已研发并装配头盔显示系统(Helmet - Mount Display,HMD)。其采用的 AR 信息显示技术,能极大提高飞行员飞行期间的态势感知能力与效率,通过全方位的数据信息显示,使飞行员更加快速、便捷地获取到所需的各种信息。但同时,在 HMD 中的视野范围大小的问题也不容忽视,Anne - Emmanuelle Priot 等人在针对直升机驾驶员使用 HMD 显示接收信息时产生的超立体感(hyperstereopsis)效应研究中指出,飞行员在佩戴 HMD 系统下倾向于低估与近处飞机的距离。两名飞行员在实验中还报告在临近地面时,"视线感知到好像地平线与胸膛或脖颈平齐""感觉在降落时像是沉进一个洞中一般"等视觉错觉。Anne 的研究结果揭示了因 HMD 而造成的视性错觉和距离估计错误,在实际飞行任务的降落阶段或低空飞行时更应引起注意。Jim Melzer 也对 HMD 系统的视野大小问题进行过探讨:视野大小应受到不同条件以及不同任务要求的影响,如果仅在普通的飞行任务中,视野的大小应遵循"够用原则",由此降低视性错觉发生的可能性;但在紧急战斗任务或夜间飞行,亦或是其他的信息来源受到破坏等情况时,则应该遵从"极大原则",以满足飞行员信息获取的需要和态势感知的高要求。

第二节　飞行员空间定向的态势感知系统

空间定向的态势感知系统,是给予对各种感觉信息的识别、分析及整合,从而做出对空间关系判断的决策系统。其主要特征是具有时间特性,即伴随着时间维度条件下的四维空间定向方式。SA 不仅包含对众多分离信息或数据的意识和感知,更重要的是它需要根据操作者在一个高水平的层次建立起对当前情境的理解,并能对系统未来的工作状态做出准确的判断。

目前,Endsley 的 SA 模型是在国际上应用最广的一种态势感知认知模型,它通过统计测量获取系统实验的参数,来建立操作质量、失误率之间的关系,从而确定态势感知的程度和水平。Endsley 态势感知模型(Endsley 框架模型)人的态势感知分为 3 个层次:第一层次是对环境中各种要素的"察觉"。因察觉而获得的信息,是态势感知的基础信息,也是态势感知加工处理的初始源头信息。第二层次是结合已有知识和资料，对态势要素的"状态参数"进行理解。"理解"建立在察觉的基础上，它描述的是"一种客观态势参数属性（值）对于观察者意味着什么"。态势感知人员通过对"察觉信息"的感知处理，得到"理解信息"。第三层次是结合资料、知识或经验，综合当前的"察觉信息""理解信息"，然后对客观事物走势进行估计，从而形成"预测信息"。通常，只有生成了预测信息，才标志着感知主体完成了一次态势感知循环过程。连续态势感知，就包括着许多个这样的循环过程。

Endsley框架模型阐明，态势感知的过程就是将外在的客观信息转化为内在的主观认识的过程。在此基础上，如果要想将 Endsley 框架模型发展为一种动态模型，需要解决 3 个方面的问题。

（1）如何体现态势感知信息的时效性。态势感知处理和输出的信息具有时效性，"感知"总是对当前态势的感知。如果客观态势已经发生了明显可察觉的变化，而相应的态势感知结果输出不能随之发生相应变化，那么态势感知结果因为不能反映真实的态势情况，表现为失效。

（2）如何体现态势感知的空间动态累积性。随着客观态势的不断变化，态势感知处理系统除包括新到达的更新信息外，还包括未失效的尚待处理的察觉信息和理解信息。这些信息会随着时间的变化和感知节奏快慢的不同，而产生前后不同的相互影响和相互作用，呈现出不同的感知累积效应（累积效应是指，人们对于已知的东西、有经验的东西认知更为容易，对于未知的东西、没有经验东西认知更为困难；对于变化慢的东西，因为有更长的反应时间，所以认知更为容易，对于变化快的东西，可供反应的时间短，所以认知更为困难）。

（3）如何体现态势感知的连续性。态势感知的信息输出变化是一个连续的过程，它是关于时间的连续函数。比如面对突发事件，第一阶段到达的察觉信息会让感知主体形成对态势的初步认识，接下来，随着察觉信息到达数量的逐渐增多，同时伴随着态势感知主体不断将察觉信息转换为理解信息，态势的感知者对态势的认识的规律也会改变。

为了探索上述问题，采用的方法是，根据态势感知的不同阶段各种信息条数量随时间的变化，表征飞行员对空间位置和距离等态势线索的当前感知程度和水平，这样就可以将 Endsley 框架模型拓展为可分析计算的动态数学模型，进而反映态势感知过程中的时效性、动态性和连续性。

一、空间定向的相关 SA 信息加工模型

认知心理学以新的理论观点和丰富的实验成果对许多心理学分支，包括航天航空心理学的发展有明显的影响。从信息加工角度来说，Weiner 和 Nagel 的四阶段 SA 信息加工模型受到广泛关注。Weiner 和 Nagel 认为，空间定向过程是通过四个 SA 信息加工阶段得以实现的。首先，各种刺激进入各个感受器并得以暂时贮存，即短时感觉贮存阶段；其次，这些被贮存的刺激特征经过模式识别阶段的整合作用，从而被赋予了一定意义且被确认了的一系列要素。

二、驾驶员人因失误分析

飞机、操作员和所处环境构成了完整的人-机-环境系统，其中必然存在人的因素的作用问题。例如在飞机的驾驶中，人成为系统中的主要制约因素，由于人为差错诱发 LSA 而造成事故已成严重问题。

Rasmussen 经过一系列深入研究，将人在 LSA 认知工作条件下所致的信息加工错误类型进行了归纳，建立起各种信息加工错误的分类模型。Rasmussen 的错误分类也是当今国际上对人因事故（系 LSA 引起的事故）调查和分析的主要理论依据。

对许多 LSA 引起的人因 SD 的飞行事故或事故征候的分析可以较好地证明 Rasmussen 模型的合理性。例如，2013 年我军某部一名飞行员作飞航性练习时，仅关注检查的灯光，却忽略了观察仪表，导致对正出航点后，飞机触地。另一名某部飞行员在完成训练科目后返航时，因有低云遮挡，看不清跑道。由于急于寻找跑道，忽视了状态保持，不自觉地降低了高度，导致飞机撞到机场背面的山上。这两起飞行事故的成因均属于典型的注意性失误。舰载机飞行员在线索知觉困难时必定会采用一定的措施来避免失误的发生，而这一过程中往往就会出现 LSA 或由于更自信于自身飞行技术而产生规则性失误，从而导致 SD 的发生，造成严重的飞行事故。

三、飞机驾驶员的 LSA 与 SD

Endsley 对多起事故的分析表明，LSA 的发生并不是因为在高水平上对事件认知、理解和预测过程中断或失败，而是因为对需要信息的简单的知觉获取失败。对各种事故分析，结果表明，SD 事故和 LSA 事故经常发生在相似的情况下，即在未能正确认识飞机的位置或运动的情况下。如美国空军 1980—1989 年的 633 起 A 级事故中，与单独 SD 相关的有 81 起，与单独 LSA 相关的有 263 起，与 SD/LSA 都相关的有 270 起。可以得出，对多数 SD 事故，如果飞行员未发生 LSA 是不会发生的，任何导致发生 LSA 的认知状态或过程，如疲劳、注意力分散和任务饱和等，都可以使飞行员的注意力分配不当，不能及时、有效地扫视和注意空间定向相关的仪表显示，从而发生 SD。

在使用情景处理特殊化、感受直觉化及消除通信延迟的实时化等信息融合技术的同时，更要运用心理学研究方法，确定人的认知行为特性，尤其是 SA 中的时空线索作用机制与飞行员个体知识理解和执行特性之间的匹配模式，使人机行为保持协调一致，从而改善 SA 水平，避免 SD。从大量的前人研究中发现，LSA 是当前影响飞行质量、直接威胁飞行安全的主要因素。不管争议如何，几乎所有的学者都认为 LSA 可以导致 SD 的发生。综上，我们可以尝试得出作为人因性失误，飞行员可能由于时间线索和空间线索知觉失误导致 LSA 从而诱发 SD。

第三节　美军对抗错觉的最新方法

一、错觉对抗体系建设新进展

（一）基于行为学的传统人因选拔

无论对于载人飞机还是无人驾驶飞机，不仅在运输和作战方面，而且在情报收集、测绘和监控方面都具有诸多优势，驾驶舱设计和无人机控制的复杂性、紧张的环境、恶劣的天气和其他工作量驱动因素，都可能导致机组人员产生错觉。因此，选择最优秀的飞行员是非常重要的。在美国军队中，纸笔感知运动和认知测试是传统的选择工具（常见的例子包括空勤人员专业分类系统智能测验、Wonderlic 人员测试、空间统觉测试、学历测试、机械理解测试等）。虽然先进的幸存测验（ASTB）已被证明是一种有用和有效的选择工具，但它并非没有缺点。也就是说，它和其他纸笔测试[如基于计算机的能力测试（Computer - Based Performance Test，CBPT）、基于操作的成套测验（Performance - Based Measurement Battery，PBMB）和自动化飞行员测验系统（The Automatic Pilot Examination，APEX）]都不能反映军用飞机内部的动态驾驶舱环境。PBMB 的七个子测试中的最后三个涉及多任务处理和/或紧急过程场景。这些多任务元素和紧急过程场景旨在评估飞行员有效操作军用飞机所需的动态技能。例如，PBMB 检测到重要的手眼协调跟踪技能，这是 ASTB 无法评估的。从选拔系统的测量技术进行分析，美海军一直在研究通过改进测量评价模型来提高选拔系统有效性的方法，在 APEX 系统中已经应用了计算机自适应测验技术（Computerized Adaptive Testing，CAT）来提高系统的检测效率和有效性。

在行为学评价方面，受试者主观发生相对运动错觉比主观没有发生相对运动错觉时，足底压力中心（the Center of Foot Pressure，COP）的偏移量更大，并且相对运动错觉产生时身体姿态平衡会受到影响，即躯体偏移量的大小会改变，因此，结合运动分析设备可以评判飞行员是否出现错觉。

在认知学分析方面，θ 波的出现频率整体减小，大脑的视觉相关脑区的信号出现一定的增强，F3 导联（心电图导联）上的 β 波有显著性的改变，都标志着 SD 的发生。将这三个方面的数据输入系统，就可以通过飞行员的行为预测飞行错觉。

(二)更新简化驾驶舱

飞行员在发生空间定向障碍时容易产生紧张情绪，因而在复杂的驾驶舱环境中做出正确的操作也绝非易事。2014 年 Poisson 检验了姿态稳定显示器（Attitude Stabilization Display，ASD）的有效性。ASD 不同于标准的姿态指示器，它在飞机进入意外姿态时提供听觉警报；显示器配备了一个"更直观的图形界面"。ASD 提供了一个非常具体的行动建议，以摆脱错误的姿态，使飞机恢复直立，保持机翼水平飞行。其实 ASD 的本质就是通过符号体系和报警系统来提醒飞行员并将他的注意力吸引到飞机仪表上，从而减弱 SD 的影响。ASD 的设计更为直观简单，以最小化飞行员的工作量。

(三)环绕立体声音响系统

2018 年 11 月 5 日，美空军装备司令部计划与丹麦国防承包商 Terma 签合同，购买后者的"飞机音频管理系统"AAMS，准备用于部分 A - 10 攻击机的升级、改造。它的基本功能是对来自各个设备和系统的音频信号进行区分，然后重新安排，使得每个声音似乎都是从特定方向传来的。比如来自不同威胁方向的告警信号，通过环绕立体声系统从对应的方向上发声，就非常直观形象。另外，编队飞行时，飞行员之间的通话，也根据队友相对自己的空间位置，通过环绕立体声系统，从对应的方向上传来，就像多个队友真的在不同位置跟自己说话，如自己耳朵听到的那样，非常直观、自然，大幅度提高了飞行员的认知效率，减少了操作疲劳，缩短了反应时间。

而基于威胁方向的环绕立体声威胁告警，对威胁的来源方向的声场描述，能精确到 15°以内，几乎可以不用再低头看屏幕，而直接做出反应。因此，环绕立体声系统提供了一种更好的态势感知和注意力集中的方式，可以达到预防错觉的效果。

借助装备克服生理局限性一直是装备研发者的诉求。耳听实验室（Otolith Labs）的 Samuel Owen 近期设计了一款耳石技术。新装置将放置于耳后，通过震动来影响大脑对于身体运动状态的加工。该技术将有效改善错觉导致的晕动症，应用于军事飞行，将会有效改善飞行员所遇到的前庭本体性错觉，从而降低飞行事故，减少非战斗减员。

（四）飞行错觉训练

目前西方多数国家建立了系统、正规的飞行错觉训练程序、方法与标准。如北约（NATO）制定了 STANAG3114《飞行人员的航空医学训练》大纲，并细化了 SD 的训练标准，多数国家都装备有高级空间定向障碍模拟器，对飞行员进行定期的飞行错觉体验和训练。每 3～5 年应进行 1 次复训，且各机种飞行员训练课目也具有针对性，各不相同。

（五）未来驾驶舱的空间定向报警系统

扩展目前的空间方向感知模型进入到主动驾驶舱内的空间定向预警系统，这将提供即将发生的 SD 预警，由系统计算预测。这一创新将把未被识别的 SD 转换为被识别的 SD，从而防止进入丢失情景感知的危险状态。如果飞行员的行为和当前的飞行状况被预测为某种特定的错觉，驾驶舱内的 SD 预警系统就能识别出这种错觉，并向飞行员发出警告。

然而这一系统面临两个问题：①显示器应该是多感官的吗？多感官的提示显示可能会使驾驶员对系统操作更直观有效，提高感知准确性。多感官应该包括听觉、视觉、躯体感觉（触觉和动觉）提示。②模型是否应该包含自动恢复功能？一方面，飞行员对自动化仪器的信任程度在一定程度上与经验值呈负相关，缺乏自动化的信任可能会导致飞行员感到失去飞机控制权，甚至不愿意使用该系统。另一方面，高度信任自动化系统，可能会导致飞行员对系统的依赖程度加强，出现飞行中注意力不集中等问题。

（六）人工智能进展：机器-神经元错觉规避

2018 年，美国布朗大学一个计算机视觉专家小组建立了能像人眼那样产生光学错觉的神经网络模型，提高了对人类视觉系统的认识，也将改善机器视觉。他们从最原始的正方形出发，研究"环境现象"的视觉神经机制。Thomas Serre 认为视错觉不是一种缺陷，而是一种特征，它代表了我们视觉系统的边缘情况。他认为，未意识到错觉产生而导致失去做出纠正操作的最佳窗口，是威胁飞行安全的另一要点。这项研究建立的模型考虑了视觉皮层解剖学和神经生理学的数据。该模型旨在捕捉相邻皮层神经元如何相互发送信息，并在呈现复杂刺激（如环境现象错觉)时如何调整彼此的反应。研究的一个创新点是假设了神经元间产生反馈连接的特定模式。根据视觉环境,这些反馈连接能够增加或减少,也就是刺激或抑制中枢神经元的反应。此项研究建立的仿人眼产生光学错觉的神经网络模型,能提高对人类视觉系统的认识,也将进而改善"机器视觉"。使用此种神经网络模型针对飞机飞行数据的分析,将有可能预演出发生的飞行错觉类型并发出警告,有效改善因态势感知缺失导致的错觉问题。

二、虚拟/增强现实训练

(一)使用 AR 技术

英国国防企业 BAE 为海军舰艇开发的 AR 智能战斗系统中,将设计一种为军官配备的 AR 眼镜,使他们能够从船上的任何位置查看战术数据和其他作战信息等,这项技术可以推广应用到航空领域,从而增强飞行员的态势感知能力和效率。德国慕尼黑理工大学研制的搭配激光探测与测量(Light Detection And Ranging,LiDAR)系统的 AR 设备,将辅助飞行员的目视飞行视觉信息的获取、激光探测与视频渲染技术的结合,从而实现当目视条件差时仍旧能够依靠目视飞行规避飞行障碍以及做出战斗判断,将有效改善因目视信息缺乏导致的飞行错觉的产生。

(二)应用可穿戴技术

航空航天及国防专家正全面采用最新可穿戴电子设备来提高效率。目前研究发现,可穿戴设备可用于士兵连接系统,从而为决策者提供更多的数据及态势感知。同时,使用穿戴设备还可以跟踪健康和安全体征,例如疲劳和重复作业,所以未来发展中可将其应用于监测飞行员的体征以避免疲劳所引起的错觉和事故。此外,在起飞前准备阶段,烦琐的起飞检查单将给飞行员的高认知记忆负荷带来更大的困扰,增强现实技术可在起飞之前增强显示所需检查的条目内容,减少飞行前认知负荷,由此飞行员将有更多认知资源处理可能发生的飞行错觉。

三、人工智能视角下的错觉新进展

随着航空航天器材的更新换代、自动化控制的加入,新时代的飞行员角色已经由驾驶者逐步转变为信息的处理者。那么在飞行员选拔阶段,就更应该注重人因选拔。而对于相关选拔的依据,国内外众多科研单位在飞行错觉和空间定向障碍方面也取得了不错的成果。

美国《2019 财年国防授权法案》将人工智能定义为:在没有足够的人类监督的情况下,能够在变化的、不可预测的环境下"理性地行动",或能够在经验中学习,能够利用数据提升性能的所有系统。2018 年 6 月,美国国防部提出建立"联合人工智能中心",专门负责军队人工智能化的研究工作。人工智能的辅助信息决策系统的引入,能够减少在飞行任务中的认知资源消耗,飞行员将拥有更多的认知资源来处理更为核心的作战任务。面对由于人体生理限制而难以抵抗的飞行错觉,兼顾未来战争实用性的无人机计划也是也是解决生理性错觉(如前庭本体性错觉)的途径之一。纵观世界范围,各国军队都已开展了自家的无人机作战体系开发工作，并且正在经历着从验证机到作战机的战略转变。

　　未来将是人工智能的时代，无人平台、武器系统以及作战指挥的智能化水平，将直接决定未来战争的话语权以及最终走向。无论智能化作战模式的发展达到何种程度，主导战争的因素始终是人。所以人-机协同作战应成为近期未来的发展模式，相信在这大趋势下，错觉对抗也会呈现出更加明显的多学科、多视角的研究方向。

第二部分　黑洞错觉的行为学机制：从时空线索到双加工模型

　　虽然自 20 世纪以来黑洞进场错觉就已经得到研究，可是研究仅限于大多数航空生理学家的生态学意义上的描述，在心理学意义上的描述极其匮乏，在国内各大数据库的搜索中，搜索"航空心理学黑洞错觉"，结果寥寥无几，几乎没有对其进行心理学认知范式上的深入研究，导致对这一方向的研究匮乏。

　　尽管当今驾驶舱的自动化在很大程度上提高了飞机的性能和稳定性，但是人因失误还是对飞行安全有重要影响。如图 0 - 2 所示，BHI 可被归类为区域特性缺失性错觉（featureless terrain illusion）的一种特殊形式。

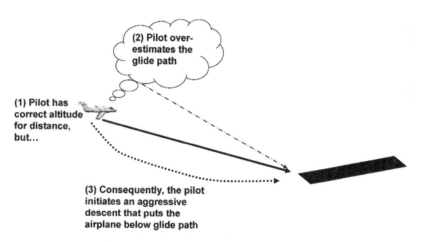

图 0 - 2　出现了黑洞错觉的飞行员飞行轨迹

注：(1)飞行员有正确的飞行高度，但是…；(2)飞行员高估了下滑道；(3)因此，飞行员开始降低飞机的高度使得飞机低于下滑道

第六章　进场黑洞错觉

第一节　进场黑洞错觉概述

一、进场黑洞错觉成因

在黑洞进场事故中,进场飞行员会人为地感知到错误的深度和径向距离。尽管视觉线索非常贫乏,感觉能力受到限制,可多数飞行员宁愿相信窗外的各种线索,而不愿依靠飞行仪表。即使知觉线索缺乏,且舰载机装备诸多(各种辅降设备,包括光感助降辅助系统、预警助降雷达和其他辅助性一体化设备),飞行员对他们的知觉还是给予了过高的信任。但是,由于缺乏地面参照系统所提供的有效降落线索,比如时间和空间指标,航母舰载机飞行员通常会下意识地信任自己的直觉而不是仪表。

二、进场黑洞错觉与空间定向障碍

美国空军空间定向障碍分析小组分析了 1990 — 2004 年的空军进场发生事故,事故中占 11% 的是由于发生了 SD。而且大多数 SD,有将近占 23% 的事故是由于发生在夜间的 BHI。Mertens 和 Lewis 的一项研究表明通过操纵跑道的形状和进场照明系统(Approach Lighting System,ALS),获得更高的跑道夹角,会诱使更大的 GPO,并且 ALS 也会造成飞行员的错觉。Mertens 还建议提供"额外的跑道感知的指导线索"即新的灯光指导系统以帮助飞行员顺利进场。1984 年,Perrone 提出了一个模型用来量化 BHI,该模型在 BHI 领域中,仍然沿用至今。此后多数研究集中在跑道的照明系统、机场密度设置的改良,以及飞行员的进场角度上。这些在不同程度上都混淆了真正的自变量和因变量,比如飞行员是因为进场角度不够标准诱使了对 ALS 的错误知觉还是因为对 ALS 的错误知觉导致了进场角度的误差,从而导致发生 BHI。而且在以往研究中都缺乏了人因的考量,比如飞行员的知觉过程,在哪一个阶段知觉的是哪一个线索,这些都比较笼统。以往的关于 BHI 的研究结论集中在以下几个方面:①相对于跑道单独存在而言,随机出现的地形特征会导致进场角度 GPO 的减少。②相较于跑道单独存在而言,一个标准的 ALS 将会导致 GPO 以一定角度增加。③相较于跑道单独存在而言,一个修正过的 ALS(跑道两侧增加侧灯),将减少 GPO 增加的幅度。④标准 ALS 和修正 ALS 联合使用会较精确地锁定 GPO。⑤不同视觉线索和不同进场距离会造成不同的进场角度,这也取决于飞行员的知觉认知风格。

三、进场启动和进场调整

多数航空生理学和心理学专家在研究中并没有把进场启动和随后的进场调整过程分离开来，而是将所有过程作为一个整体来研究。进场启动与随后的调整状态是紧密相关的。同样的进场运动，启动早或晚对后面的调整的时间影响非常大。过晚的启动进场会导致余后时间不足；如果启动过早，则情景正相反。有些研究对启动进行了控制，要求看到目标物后就迅速启动。在这样的场景中，由于操作时间太短，可能会导致无法准确知觉物体的详细表征，导致相撞。对进场启动的认知心理学范式研究以往非常少，仅有的相类似的对相撞运动启动的研究多数集中在驾驶员刹车任务上，即考察人是否会根据时间信息来决定刹车开始时间。比如在高速上驶向一个收费站，司机不会在很远就开始刹车，只是进入准备状态，如果提早刹车会导致在收费站之前不必要的停滞和延迟。简单地说，就是什么时间踩刹车的问题，这个问题取决许多因素，包括踩刹车的力度、机动车性能、机动车的物理质量、机动车驾驶员的驾驶习惯等等。但大多数情况是尽管开始了刹车，司机也很难精确地知觉并判断最终刹车距离、速度之间的误差仍然存在。通常情况是人们会在快接近时猛踩一脚刹车，这样的情景如果发生在舰载飞行员身上，结果是不可想象的，尤其在外部环境极其恶劣的情景下，极容易诱使飞行员产生黑洞进场错觉和其他空间定向障碍。虽然大多数舰载飞行员是撞击式着落，但经验丰富的飞行员一是会采取相应措施避免黑洞错觉，二是尽量避免在着落时急刹车。

事实上，缩减理想减速与瞬时减速之间的差异并不是着陆成功的必要条件，进一步讲，它并不能保证每次进场着陆都是安全的。如果没有减速比率的限制，那么所有的减速度的误差都能够被消除了。但是，事实上这种限制是存在的，存在一个成功刹车的特定值，即我们努力在寻找一个看起来能停下来却实际上没停下来的刹车临界点。而着落时的成功与否就取决于飞行员对于这种临界点的敏感程度，理想减速与瞬时减速的比例关系是否能在飞行员的着落期间形成一种固定的稳定的系统。对于飞行员就是怎样在时间、空间线索上完成这种系统的建构，即应该在启动过程和调整过程中寻求一个临界点，从而分离时间和空间因素。

第二节 进场黑洞错觉中的空间线索

一、空间深度知觉线索

Mertens 提出在进场行为中飞行员会受到灯光照明、进场距离、地形密度等因素的影响。

常明对训练后进场成功率高于 80％ 的 15 位大学生进行了实验，采用 Laminar Research 公司开发的 X－Plane V9.0 飞行模拟软件①模拟的美国空军 F－16 单发单座轻型战斗机见图

---

① X－Plane V9.0 是一个可以在个人电脑上运行的多平台运行飞行模拟环境，能够非常逼真地模拟驾驶舱环境，如主飞行显示系统、水平状况仪表、模式控制面板、发动机显示仪表、报警系统、导航和无线电通讯仪表，以及其他系统控制仪表等，既可以作为游戏软件，又可以作为工程软件，很多专门的机构用它来进行航空工程有关的计算和设计。X－Plane V9.0 具有良好的失效模型，可以设定起落架、控制面、仪表、发动机等系统部件的失效。同时，以视频方式记录在键盘或鼠标方式下所有操作步骤，还可以记录众多飞行参数，如飞行时间、飞行高度、空速、倾斜、翻滚、航向、偏航距离、形成距离、维度和经度等。

6-1,该软件在航空心理学研究中得到了广泛的应用,并且在美国空军飞行员训练实验室中获得很高评价。飞行摇杆采用 Logitech Attack 3(罗技 Attack 3)。该实验结果表明了空间深度知觉线索对黑洞错觉量的影响。

图 6-1 屏幕呈现的驾驶舱 3D 景象

(一)地形密度

表 6-1 给出了进场过程中不同实验条件下被试的高度精度偏差值,可见地形密度对飞行错觉量产生了显著影响。进一步的 t 检验结果表明,高地形密度的高度偏差(11.21 ± 7.2) m 显著地高于低地形密度的高度偏差(-6.4 ± 6.1) m,$t(1,8)=-2.69,p<0.05$;中地形密度的高度偏差(-9.3 ± 8.3) m 显著地高于低地形密度的高度偏差(-6.4 ± 6.1) m,$t(1,8)=-5.37,p<0.001$。

表 6-1 不同实验条件下的进场高度精度偏差值 单位:m

实验条件	高地形密度($n=5$)		中地形密度($n=5$)		低地形密度($n=5$)	
	平均值($\overline{X}$)	标准差(SD)	平均值($\overline{X}$)	标准差(SD)	平均值($\overline{X}$)	标准差(SD)
远距离	30.23	6.76	21.45	27.15	13.31	−17.89
中距离	18.27	2.01	−13.23	16.29	−12.82	−9.24
近距离	−14.86	4.23	−16.54	5.45	−19.84	−16.80

(二)距离

距离对飞行错觉量产生了显著影响。进一步的配对样本 t 检验结果见表 6-1,可见远距离的高度偏差(27.1 ± 3.6)m 显著地高于中距离的高度偏差(-3.6 ± 5.2)m, $t(1,14)=-2.99, p<0.01$;近距离的高度偏差(-17.1 ± 3.9)m 也显著地高于中距离的高度偏差(-3.6 ± 5.2)m, $t(1,14)=-2.74, p<0.05$。另外,两个变量的交互作用不显著,如图 6-2 所示。

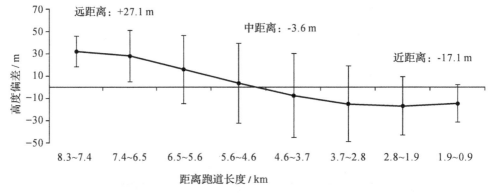

图 6-2　进场距离不同导致离最佳下滑角的差值

二、进场时地形密度对黑洞错觉的错觉量影响

进场时的地形密度,可以作为飞行员对于空间线索的知觉。低地形密度对于错觉量的诱发最低,说明飞行员此时的空间线索知觉程度最高。这也从另一个侧面得知,空间线索在不断影响着飞行员的进场行为和其对下滑角度的控制;如果地形密度高则会诱发高错觉量,致使进场发生黑洞错觉,任务失败,飞行员会在一定程度上混淆跑道及其周围的空间线索比例,会致使出现错觉,这与前人(Mertens 和 Lewis)研究得出的结论相仿。但前人研究没有较完整地得出地形密度和进近距离哪一个因素对于错觉量影响最大,通过本章可以得知,相较于地形密度来说,飞行员进场时的距离仍然是影响进场黑洞错觉的"元凶"。在进一步的行为实验中,可以单独对进场启动距离这一变量进行控制,来进一步研究进场控制中的空间线索和时间线索对进场行为的影响。

三、进场距离对错觉量即下滑最优角高度偏差的影响

进场距离分为了三个等级,即远距、近距和中距。结果发现在中距的进近距离上,飞行员的高度偏差即错觉量最小,这与前人(Ward)的研究相一致;在诸多因素中距离因素对于飞行员进场时的错觉量影响最大。将诸多影响飞行员进场黑洞错觉的因素系统地放在同一时间序列里进行研究,并考察各个因素中的影响的权重,这是本章的创新之处,在前人研究中也比较少见。我们可以进一步回溯关于 Tau 理论的一些内容,前人的一些相撞模型中或多或少地存在一些过分强调时间线索的情况。比如,Lee 提出一种非基于计算的视觉变量 Tau,而在该实验中,发现在一些高级的涉及高难度任务操作的类似相撞行为中,比如飞行员进场等,距离知觉这一空间线索仍然极大影响着飞行员的绩效(错觉量的大小)。为此,在黑洞错觉的研究过

程当中,首先应该把整个过程分为进场启动阶段(调整阶段)和实际进场阶段,分别考量时间和空间线索对其的作用。

第三节　进场黑洞错觉中的时间线索

一、时间线索

在 BHI 的以往相关研究中大多数是从空间的维度进行研究,很少考虑飞行员在时间、速度上的知觉并加以进行整合,尤其以认知心理学的模式进行模型抽象的方式更是少之又少。

常明选取了进场成功率高于 95% 的被试作为"专家"组,进场成功率在 80%~90% 的被试作为"新手"组,同样采用 Laminar Research 公司开发的 X - Plane V9.0 飞行模拟软件模拟的美国空军 F - 16 单发单座轻型战斗机,机场的设置采用 X - Plane V9.0 模拟数据,可以较真实地反映高度、角度、进场时跑道的灯光照明系统(见图 6-3)。

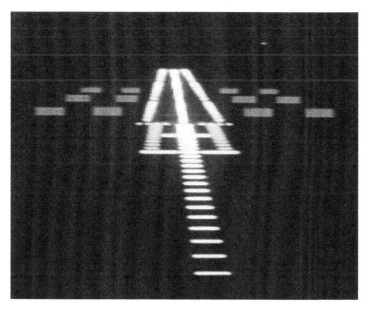

图 6-3　灯光照明系统

表 6-2 给出了进场过程中不同实验条件下被试的高度、精度偏差值,重复测量方差分析结果显示,专家组的高度偏差(17.63±2.04) m 显著地高于新手组的高度偏差(9.18±1.47) m,表明被试类型对飞行错觉量产生了显著影响。灯光方式对进场高度精度偏差的主效应显著,$F(3, 54)=5.24$,$p<0.01$,表明灯光方式对飞行错觉量产生了显著影响。进一步的配对样本 t 检验结果表明,综合照明系统下的高度偏差(2.2±12.1) m 显著地低于没有灯光系统的高度偏差(17.3±10.1) m,$t(1, 19)=2.76$,$p<0.05$;综合照明系统下的高度偏差(2.2±12.1) m 也显著地低于只有两侧有灯光系统条件下的高度偏差(22.5±2.12) m,$t(1, 19)=5.46$,$p<0.001$。

表 6 - 2　不同被试的进场高度精度偏差值　　　　单位：m

实验条件	专家组($n=10$)		新手组($n=10$)6	
	平均值($\bar{X}$)	标准差(SD)	平均值($\bar{X}$)	标准差(SD)
没有 ALS	18.25	7.76	16.35	5.61
标准 ALS	5.23	2.01	4.42	1.23
只有两侧跑道照明	26.14	5.23	17.86	7.20
综合照明系统	4.63	1.54	−2.41	5.34

二、进场时灯光系统对黑洞错觉的错觉量影响

对于进场灯光系统的知觉，本质上说其实是飞行员对于时间线索的把握。目视进场无法很好地把握空间知觉线索，而不得不依赖于时间线索，即任务操作序列（看到什么灯光，来决定何时进行下滑角的调整）。按照 Kosslyn 的理论，一个加工子系统（processing subsystem）就是一个功能单位，起到一群神经细胞活动的功能。实际上，加工子系统就是把一组神经细胞描述为执行一个运算（computation）或一套运算来完成任务中的一个组成部分。为此，Kosslyn 提出了包括形状编码、类别与坐标关系编码、联想记忆、注意选择、窗口移动、位置变换及重排等在内的 12 个假设的子系统视觉空间加工模型。从神经解剖的角度分析，高水平的视觉空间加工不仅包括高级视皮质 V3、V4 区，也包括初级视皮质 V1 区和次级视皮质 V2 区。根据两种皮质视觉系统理论，从 OC 区（主要的视觉皮质，即 17 区）穿过 TEO（颞叶后部）下行到后下颞叶的腹侧系统主要参与对物体是什么的分析，而几乎是直接从 OB 环纹区经 OA 区最后到达 PG 区（位于顶叶）的背部系统主要参与对物体的定位分析。顶叶系统不仅参与对物体的定向，还要形成有关物体空间位置的表征。因此，这两个皮层视觉系统均被认为是与高级的视觉空间加工联系在一起的。而对于进场这一类相撞行为的时间（TTC）估计，近几年来也有很多这方面的神经机制的证据，Field 专门从事脑成像测试 TTC 判断反应的研究。他进一步区分设计了物体尺寸加工的脑区和视觉边缘率增长的大脑区域。具体而言，在他的实验中，存在三个实验任务：一是 TTC 任务的判断，大小距离为自变量的小球接近被试，被试判断，以确定哪个球是第一个到达观察者。二是扩大或膨胀任务中，判断两个椭圆形的物体，它们均是不对称的扩大或膨胀，被试按钮，以确定哪个膨胀率大。三是错觉间距填合任务（the inclusion of gap - closure）。两个随机大小的球在不同的距离内向中心区域平移，球分布在两边。被试按键判断哪个球先到达中心。所有受试者进行三种实验任务。结果表明，TTC 判断任务，不仅造成视觉皮层中颞区区域的兴奋，也引起在侧枕沟的外侧枕叶的兴奋（lateral occipital sulcus），这个任务激发引起大脑运动区域。虽然这种情况只是要求判断 TTC，并不需要实际的实施相撞抓取行为，但也造成了运动区兴奋。TTC 任务造成了视觉皮层的兴奋，在这一脑区存在一定的对视像扩大（optical expansion）信息敏感（$d\theta/dt$）的神经元。判断 TTC 也应参

与计算 $\theta[d\theta/dt]$ 的,但由于仪器的限制,在这项研究中没有发现具体的 $\theta/[d\theta/dt]$ 信息处理的脑区。可以从前人的研究得出一定的结论,在相撞等行为比如飞机进场中估计 TTC 时间的相关脑区与视觉错觉发生的相关脑区有着一定的重叠和联系。

本章提供了相关的证据,对于进场灯光的模式,综合模式要优于单独的灯光进场模式,这可能是提供的时间线索,即飞行员知觉到的即将进场的时间任务序列更加真切,及具有指导意义使然。但对具体时间因素和空间线索在什么阶段、如何作用都需要进一步研究和证明。

三、进场时经验对黑洞错觉的错觉量影响

另外,发现被试的飞行经验与错觉量不是我们所熟知的那样——"专家"应该比"新手"具备更低的错觉量。但是通过实际的调查情况和对以往文献的追踪研究,我们也似乎能发现这一点。不论是操作经验丰富的老手还是新手在发生黑洞错觉及诱使的错觉量上几乎"平等",这可能与被试在实验进行之前的飞行模拟学习有关,即飞行模拟时间较长的学员可能对该实验在一定程度上的轻视,致使错觉量较高。但至少我们可以得出一个比较清晰的结论,我们对黑洞错觉的发生机制了解得并不多,或者说训练课程上该模块的缺乏导致新手和专家没有太大差别,另外也说明黑洞错觉的发生可能与人类的固有行为模式,比如时间线索和空间线索的知觉特性上有关系。所以,这也为进一步进行排除其他变量,单独进行时间线索和空间线索的行为实验提供了良好的生态学解释。在该生态学实验中提供的错觉发生影响因素的结论就让我们可以在行为学实验中完全抽象成:错觉是由对时间和空间线索的知觉不利所导致的,我们可以把黑洞错觉的发生量用时间线索和空间线索来代替,这样,对整个进场行为就可以从启动到调整直至实质的降落都可以进行研究,并且可以分阶段来分离各阶段时间线索和空间线索的作用,有利于更进一步解释黑洞错觉的行为机制。

〜〜〜〜〜〜〜〜〜〜〜〜〜〜〜〜

飞行视窗:进近灯光系统(Approach Lighting System, ALS)

进近灯光系统(Approach Lighting System, ALS)是辅助航行灯光的一种,是飞机于夜间或是能见度低的情况下降落时,提供跑道入口位置和方向的醒目的目视参考。进近灯光系统安装在跑道的进近端,是从跑道向外延伸的一系列横排灯、闪光灯(或者两者组合)。进近灯光通常在有仪器进近程序的跑道上使用,使得飞行员能够目视分辨跑道环境,帮助飞行员在飞机进近到到达预定点的时候对齐跑道。

进近中线灯:在跑道外,于中心线的延长线 900 m 处开始设置 5 个一排的可变白色强光灯,每隔 30 m 设一排,一直延伸到跑道入口处。如果是简易跑道,则灯具纵向间隔为 60 m,至少要延伸到跑道中心线延长线 420 m 处。进近中线灯 5 个灯中央的一个灯正好位于中线的延长线上,从中心线的延长线 900 m 处至 300 m 处,它们组成一排有顺序闪灯线,每秒钟闪动 2 次。从飞机上向下看,这组灯光由远处频闪过来,直指跑道端。由于它看起来像一团白色毛球飞快地向跑道入口奔跑,因此其昵称为"兔子"(rabbit)。

飞行视窗：Tau 线索和驾驶员刹车任务

Wang 和 Frost 通过对鸽子脑神经单细胞放电情况的记录，证明了 Tau 是在视觉通道上被计算的。他们将鸽子放在一监视屏之前，监视器屏幕显示一个运动的实心球。当球朝向鸽子眼睛方向运动时，发现鸽子某些细胞的反应比较强烈，这说明了这组细胞对球运动的方向有很强的选择性。而且，只有在球的碰撞时间接近某特定的值时，这些细胞才会放电。也就是说，即使球的运动速度、距离等都发生了变化，只要这个值保持恒定，这些细胞仍然不会放电。Wang 和 Frost 认为，这些细胞之间可以互相协调并确定精确的碰撞时间，从而对特定的信息（如 Tau）做出反应，而对其他信息则无明显反应。同时，他们在进一步的实验中还发现，这些对特定信息才有反应的细胞在刺激的不同阶段，反应方式也不同。一些细胞在虚拟球运动过来的整个过程中持续增加放电频率，而另外一些则仅仅刚好超过某一最高电位。

Davies 和 Green 研究了鸽子和鹰的着陆情况，试图探究 Tau 线索的感知是如何被直接利用在对计时行为的控制中的。我们知道，鹰在着陆过程中，头部是不会上下摆动的，而鸽子则刚好相反。研究中，Davies 和 Green 发现，着陆过程中，当鹰爪伸展时，Tau 的变化率比距离的变化小；而在上下摆动头部的鸽子的着陆过程中，距离的变化要比 Tau 的变化率小。这说明两者在着陆过程中采用的是不同策略。研究者们还发现，当鸽子的眼睛位置下降到距离巢穴某一特定值时，鸽子的脚就会伸展出来。他们认为，这个距离的获得可能与鸽子在降落过程中上下摆动头部有关，也许是从双眼视差变量中得到。

Lee 和 Reddish 研究了塘鹅俯冲进水面抓鱼的情况。塘鹅在即将俯冲进水面时的速度接近 24 m/s，若它们以这个速度张开翅膀进入水面肯定会受伤，因此在即将入水的时候，塘鹅要及时将翅膀收回。但是，若翅膀收得过早，塘鹅可能会不能精确地抓捕到鱼。由此可见，精确的计时行为对塘鹅能否成功捕食尤为关键。研究结果显示，通过高度、速度和加速度等物理信息精确计算的关于碰撞时间的策略没有使用 Tau 策略好。

Savelsbergh，Whiting 和 Bootsma 尝试通过实验室方法控制 Tau，让被试去抓一个向自己飞来的泄气的真实气球。他们把一个逐渐缩小的气球与一个慢慢靠近的却大小固定的气球相比较。如果被试仅仅使用了 Tau 线索，那么他们抓取泄气的气球要比抓取大小不变的气球晚。结果发现，虽然手的速度在接近最大值的那一点会延迟 5~6 ms，但是被试都能准确抓到泄气的气球，这说明在抓球任务中，至少还存在某些其他信息是和 Tau 线索同时被利用的。

在真实环境的抓球任务中，Tau 线索的可利用性要比 Savelsbergh 的实验室情境中更小。通过使用立体眼镜，我们可以改变角度转向和差距，或者是改变它们之间的变化比率。这种手段会使眼睛和球之间的距离被低估的可能性更大。Judge 发现当人们戴上这种立体眼镜后，就不能准确抓住那些缓慢抛向他们的球，但在练习 20 次左右后，又能重新准确抓住小球。他们认为，这可能是由于大脑的某种机能能重新校准对四肢运动的控制，从而在练习之后，抓球准确率又重新回到正常水平。实验中，戴了立体眼镜但视野也同时下降到和戴立体眼镜相同程度的被试在抓取任务中没有困难，这说明，外界信息的一致改变使得我们的大脑不需要重新校准行为控制也能准确完成任务。Judge 的实验显示,当我们用单眼去抓取缓慢移进的球时,单眼线索也能被很好地利用。但是,当双眼信息可用时,我们更偏向使用双眼信息,因为双眼信息能提供更佳的精确度,而此时,单眼信息只是起到辅助作用。

　　Rushton 和 Wann 用虚拟现实技术在实验室分别控制了单眼 Tau 信息和双眼视差信息。这样,被试根据这些不同的信息可以获得不同的即时碰撞时间估计值。实验结果发现,当 Tau 提供的即时碰撞时间提前 100 ms,被试做反应的时间会提前 70～80 ms;当 Tau 提供的即时碰撞时间延迟 100 ms,被试做出反应的时间就会延迟 30～40 ms。实验结果证明了 Tau 线索可被用于抓取反应的时间判断,但实验变化的结果却说明了 Tau 线索和双眼视差线索要经过整合才能产生一个组合的 TTC 时间估计。Rushton 和 Wann 依据这个结果创建了一个整合模型,他们发现当 TTC 值最小时,有最大的权重。他们认为在自然条件下,任何信息源的可靠性都存在局限,用于整合不同信息源的一种策略是赋予需要最先执行行为的信息源最大的权重。

　　下面的三个实验初步探索了在虚拟现实技术模拟的隧道场景下,被试主要通过哪些线索对刹车行为判断来进行控制。传统的构造主义知觉理论认为,人对物体进行表征后才能知觉物体。也就是说,物体运动的速度、加速度、距离等信息进入大脑后,要先经过一系列的处理运算,然后才能用来指导行为。而直接知觉理论则认为,环境中存在着的包含丰富信息的光阵列,可以让人们直接提取自己所需要的信息进行行为控制。Lee 在 Gibson 的直接知觉理论基础之上,提出了即时碰撞时间 Tau 理论。他认为,运动物体视觉影像相对扩张率的倒数为观察者提供了重要的信息,这个信息是观察者进行 TTC 判断的主要线索,而距离、速度等物理信息与 TTC 判断无关。在 Tau 理论的基础上,Lee 又提出了基于刹车行为控制的 τ 理论。与 Tau 理论一样,τ 理论也认为,观察者对周围环境信息的知觉是直接的,运动物体本身的信息就已经能够给观察者提供足够的刹车判断信息,而不需要一步一步对周围环境中的其他信息进行认知加工计算从而指导行为。

　　但是,也有大量研究证明,某些物理信息如速度、距离等也能够成功控制刹车行为。Andersen 等人发现,当驾驶员向目标物靠近时是采用 τ 策略来控制刹车行为的,但是仍然受到了距离、速度等其他因素的影响。其他一些拦截任务的研究(DeLucia 和 Warren;Gray 和 Regan;Michaels, Zeinstra 和 Oudejans;Rushton 和 Wann)也证实,被试依赖的是其他物理变量而不是 Ψ。因为 Ψ 是独立于距离、速度等信息的,所以究竟其他信息是否对刹车行为控制产生影响仍值得探讨。不同信息的利用究竟只是简单的整合还是产生了策略上的改变,也是个需要探讨的问题。

　　实验一中,采用主动刹车范式初步探讨了被试在刹车行为判断中,主要利用的是什么线索。结果显示,被试在对刹车过程的判断中更多利用了目标物本身具有的 Tau 点线索,虽对周围的距离、速度信息也有利用,但并未像 Tau 线索那样充分利用。我们推测,可能是由于场景中,速度、距离等物理信息不是很明确,或者主动刹车过程中的某些不可控人为因素的影响而产生的结果,如在不同时间采用不同的策略进行判断。

　　实验二中,尽量排除环境信息的干扰,并用恒定刺激法呈现刺激,减少人为因素的影响,探索性研究哪些线索对刹车行为控制有影响。结果发现，距离线索跟减速度信息都对刹车行为控制有影响，这跟前人的很多研究结果相一致。这说明即使是在环境线索比较单一的情况下，被试也能利用距离、减速度等物理信息对刹车行为进行判断。

实验三初步探讨了实验一中出现主观相等点漂移的原因。结果发现，有驾驶经验的男被试的主观相等点从 0 左右漂移为一8。而在其他各点上，基本未发生偏移。而两个女被试除了在主观相等点上发生偏移外，其他各点也发生了不同程度的偏移。我们的推论是，对于男被试而言，可以排除发生偏移是阈限发生改变的原因。而对于女被试，有可能是阈限发生了改变，也可能是其他原因，如产生某种倾向，被试在刹车行为判断中变得更为保守。

第七章　进场启动

第一节　进场启动中的空间和时间线索

在飞行员进场时,除需对进场的跑道与飞机的距离进行估计,还要对自身的运动进行估计,并根据瞬时信息进行全程的调整,以免发生黑洞进场。为了简化问题、增强实验的内部效度,本章对进场角度和进场的速度进行控制,在此基础上抽象出一个简单的进场模型,单独考察沿特定方向进场的飞机质点,被试将会何时开始启动降落,即被试的知觉估计情况。具体说,被试操纵一个固定角度和固定速度的飞机质点模型来模拟进场。在进行实验时,无关变量与后续实验保持一致,起到基线的作用,以便和后续实验比较。注意,实验研究是为了研究被试的启动倾向,而不是研究进场的精确程度,这在前人研究中很少涉及。总之,本章将考察在进场时,飞行员的启动估计是基于时间变量 Tau 线索、空间距离线索,还是综合运用多种线索。

常明选取经过操作考核,进场成功率为 80% 的大学生进行实验。实验中针对移动速度、移动大小和进场高度进行了相关研究。实验过程如图 7-1 和图 7-2 所示。

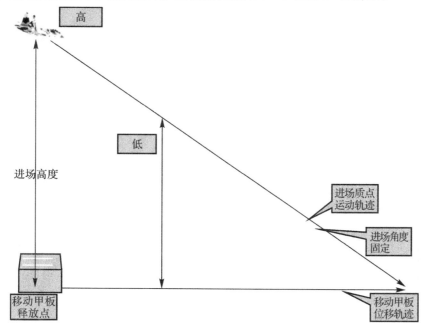

图 7-1　情景示意图(箭头方向为运动方向,实际实验不显示)

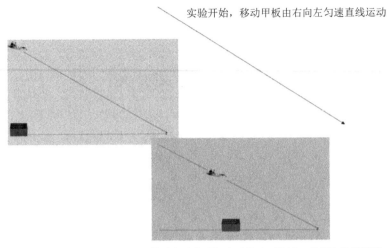

实验开始，移动甲板由右向左匀速直线运动

被试在认为时间合适情况下按键，释放飞机模拟质
点，后两者沿线运动直到相撞，即进场着陆

图7-2　流程示意图

　　表7-1给出了各种条件下启动距离均值和标准差,对实验结果采用重复测量的方差分析。结果表明,着落时的木块(甲板)移动速度对进场的启动距离影响非常显著,利用多重检验发现不同的木块运动速度影响了进场启动距离,而且速度越快,进场启动距离愈大;木块(甲板)大小对启动距离影响不显著;进场高度对启动距离影响显著,即进场高度对进场启动距离影响非常显著,利用多重检验发现,不同的进场高度影响了进场启动距离,而且高度越高,进场启动距离愈大;木块(甲板)移动速度和进场高度交互作用非常显著;木块(甲板)移动速度和(甲板)木块大小交互作用不显著。进场高度和木块(甲板)大小交互作用不显著。木块(甲板)移动速度与进场高度和木块(甲板)大小交互作用不显著。

表7-1　各种条件下启动距离均值和标准差(经过正态转换)　　　单位:cm

速度		高度高		高度低	
		大	小	大	小
一挡速	平均值	1.96	2.01	0.83	0.80
	标准差	0.41	0.42	0.23	0.21
二挡速	平均值	3.22	3.07	1.43	1.31
	标准差	0.31	0.31	0.27	0.17
三挡速	平均值	3.61	3.57	1.93	1.71
	标准差	0.31	0.29	0.31	0.25

　　表7-2给出了各种条件下预估相遇时间均值和标准差[因对实验结果进行球性检验($p<0.05$)所以利用 Huynh-F 矫正(后续实验结果都采用类似处理)]。结果表明,着落时的木块(甲板)移动速度对进场的预估相遇时间影响非常显著,利用多重检验发现不同的木块运

动速度影响了预估相遇时间,而且速度越快,预估相遇时间越短;木块(甲板)大小对预估相遇时间影响不显著;进场高度对预估相遇时间影响显著,即进场高度对预估相遇时间影响非常显著,利用多重检验发现不同的进场高度影响了预估相遇时间,而且高度越高,预估相遇时间愈长;木块(甲板)移动速度和进场高度交互作用比较显著;木块(甲板)移动速度和木块(甲板)大小交互作用不显著。进场高度和木块(甲板)大小交互作用不显著。木块(甲板)移动速度和进场高度与木块(甲板)大小交互作用不显著。

表7-2　各种条件下预估相遇时间均值和标准差(经过正态转换)　　单位:cm

速度		高度高		高度低	
		大	小	大	小
一挡速	平均值	3.36	3.44	1.51	1.45
	标准差	0.71	0.70	0.42	0.43
二挡速	平均值	3.23	3.05	1.28	1.16
	标准差	0.40	0.38	0.36	0.26
三挡速	平均值	2.36	0.41	1.08	0.91
	标准差	0.48	0.32	0.31	0.26

一、移动进场的速度

在不同的移动速度下,进场启动距离和预估相遇时间都有显著差异,这表示在飞机进场时,所知觉到的线索不仅有时间方面的因素,还有空间距离线索,这与之前的 Tau 线索研究不一致,说明飞行员在带有角度进场时应该采取多种综合线索。速度越快,进场的启动距离越大,这说明对于被试来说,知觉较快物体的移动,采取的策略是让自己反应的距离人为地变长,这与实际飞行经验是吻合的。如果着陆甲板移动很快飞行员会倾向于在距离很远时便采取准备进场,即很远时就开始准备启动进场,这和前人研究中所述的新手才采取这样的策略不符,这可能是在带角度进场时所采取的较一致的行为模式,在后续研究中我们会把这种空间距离线索再深入探讨,以利于选拔。

速度越快,进场的预估相遇时间就愈短,这也和实际的飞行经验相吻合。对于快速的移动甲板,我们的进场时间预估即准备降落和实际降落之间的时间间隔会变短,随着移动速度的增加,对于预估相遇时间的成功率也有一致性的变化。具体来说,快速移动甲板,进场启动将会倾向于晚启动,即接近最终相遇时间,反之慢速移动甲板,进场启动将会倾向于早启动,虽然要求被试尽可能使两者相遇,但被试的反应倾向却是对快速移动低估,对慢速和中速移动高估。联系到黑洞错觉的形成,可以认为它是飞行员对于自身相对于静止机场的相对速度高估而导致。而且黑洞错觉的形成本质就是飞行员进场时速度高于正常值,这就表明时间预估不当确实是其形成原因之一。速度变化和进场的预估相遇时间一致性的变化也表明,要想成功进场不能仅仅依赖时间线索,而应该综合利用时间和空间两种或多种线索才能成功消减高估或低估速度的错觉。

二、移动进场的空间大小

该实验中移动进场的空间大小对于进场启动距离没有显著作用，但进行深度数据挖掘可以发现它只是没有达到极其显著的水平，如果采用 0.05 水平，它也会在统计学意义上显著。但为了和其他变量保持一致严格的标准，我们认为造成这样一个水平的原因可能有以下几个：一是前人对刹车等行为研究中发现 Tau 线索会受到物体大小影响，是在第一视角的操作模式下，类属于局部 Tau(local Tau)，因此有着影响，而本章的设计为了抽象出飞行员进场的高度等其他因素，采用第三视角，进而采用的是整体 Tau(global Tau)，所以影响较小；二是为了更好地展现时间线索和空间线索综合作用于进场行为，阐述进场速度和启动距离的因果关系，第三视角相对于第一视角，变量混淆更少，因为采用第三视角造成实验的生态效度不是很高的问题，会在后续研究中得到弥补；三是对于航母舰载机来说，飞机与母舰的尺寸比不可能差异太大，故而在移动进场的大小问题上本章未将其放在重点考察范围，但进场的空间大小会在后续研究中继续作为变量的原因是，在预实验中，被试对于大小有一致性的反应倾向，因此为了保持在行为学实验中的变量有效性，予以保留。

移动进场的空间大小对于进场预估相遇时间在该实验中也没有显著作用，这也就从侧面反映了在高速进场和固定角度进场两个因素影响下，着陆的空间尺寸对于成功的进场来说影响不如其他因素大。对此在实际经验中，我们也能体会得到，即一旦发生着陆的黑洞错觉，肯定是早在着落前知觉到的时间和空间线索出现了问题，而不是机场跑道的宽与窄、机场甲板的大与小造成的。只要是正规标准甲板或机场跑道都会诱发飞行员出现黑洞错觉，这也就支持了飞机着陆失误大多是人因失误的前人研究。

三、移动进场的高度

移动进场的高度作用对进场启动距离的影响类似于这样的情况：对移动速度、飞机进场的速度和角度变量进行固定，那么飞机进场的高度不仅影响到启动的距离还影响到预估的时间。大致来说，高度越高，启动距离越大，这说明在进场这种高难度认知任务中，角度固定后，对于高度越高的任务水平飞行员就越会预留出长的启动距离，以备中间降落过程中的调整。本章的目的是探讨被试的反应倾向性，而不是对进场准确率的考察(在被试任务语言中得以控制)。这种对于高度不同进场任务的后续研究会在随后实验中进一步探讨。

飞行视窗：影响 TTC 知觉的因素

运动视觉是视觉系统的一个基本维度，观察者准确判断视觉流域中物体到达特定目标的时间——碰撞时间(Time - To - Collision)或接触时间(Time - To - Contact)即 TTC 的能力是至关重要的。

此处用两个实验考察在运动物体视觉影像的扩张率不变($d\Phi/dt = 0$)的条件下，影响 TTC 知觉的因素。被试坐在椅子上，其头部放在一个特制的凹型木架上，视线与计算机屏幕中线齐平，观察点与计算机屏幕间的距离保持恒定(2.5 m)，以保证 $d\Phi/dt = 0$，使被试远距离判断计算机屏幕上物体到达特定目标的时间 TTC。首先进行预备实验，目的是使被试熟悉操作并加快反应速度。实验一控制物体与目标间的距离(20 cm，16 cm)、物体的运动速度(1 cm/s，

2 cm/s,4 cm/s)和性别(男、女)三个因素,采用混合实验设计,其中性别为被试间因素,其余为被试内因素。实验二控制物体的大小(2 cm 的小物体,4 cm 的大物体)和运动方式(2 cm/s 的匀速运动,初速度 2 cm/s、加速度 0.2 cm/s^2 的匀加速运动)两个因素,被试内设计,两实验都在自然光照条件下进行。然后估量被试对决定运动物体与特定目标的接触时间(TTC)的时间知觉信息的敏感性。

方差分析的结果表明：①距离和运动速度的效应极其显著,大小因素的效应不显著,运动方式的效应极其显著,大小因素与运动方式的交互作用效应也显著。通过对交互作用的简单效应分析得知,大、小物体在两种运动方式上影响都显著。这说明,被试的时间判断不仅依赖于呈现的视觉刺激以及物体视觉边界的收缩信息($0/\text{d}\theta/\text{d}t$),而且判断是通过观察物体的距离和速度后做出的,在短距离和快速运动条件下,被试判断时间利用视觉信息的可能性较大,随着距离的增加、速度的减慢,物理信息在判断中的作用逐渐增大,并且被试能够从物体的运动中获得加速度估计,这种区分对大、小物体都是有效的。这说明,TTC 知觉线索主要是距离、速度和加速度等物理信息,高阶视觉信息在时间判断中也起一定的作用。被试在观察了物体的运动状态后做出 TTC 判断,时间知觉过程包含着认知加工。②性别因素的效应极其显著,时间判断中存在显著的性别差异。男性的判断准确性普遍高于女性。③当物体匀速运动时,判断 TTC 与实际 TTC 间的关系适合用线性模型来描述。

由此得知,$\text{d}\theta/\text{d}t=0$ 条件下的时间知觉线索是物理信息和视觉信息综合的结果,其信息加工源于"视觉-运动"系统。

飞行视窗：运动视觉中的时间知觉线索

运动视觉是视觉系统的一个基本维度,人和动物都拥有这个机制。当观察者在环境中运动或物体相对于观察者运动时,会引起一个扩张点网膜像的扩张。这种扩张与观察者或物体的运动相适应,网膜影像的扩张速度与观察者和扩张点的距离呈线性增长关系,随着物体的接近,其影像的扩张加快。因此,视觉流域中存在着空间速度梯度。除此之外,影像的变化也包括一个时间梯度。所以,运动视觉不仅可以提供有关物体的大小、速度和距离等信息,而且能提供物体时间方面的信息,以帮助观察者知觉运动物体到达某一特定点的时间或对计时行为进行控制(如接球、刹车等)。

一般来说,环境中的物体可以传递两种信息：一是物体的大小、速度及其与观察者的距离等物理信息,由物理变量决定;二是物体对观察点形成的视角及其网膜影像等视信息,由视觉变量决定。早期的生态研究结果表明,视觉变量可由物体丰富的纹理结构和不断变化的视觉流域(visual flow)决定,视觉变量和物理变量的许多联系都是一对一的形式。

现实生活中,许多活动都在视觉控制之下并需要精确的计时。例如,当司机驾驶汽车接近一个交叉口时,有另一辆车从侧面朝交叉口行驶,这时司机需要有关于自己的车何时到交叉口及另一辆车何时到交叉口两方面的预测信息,以此来适当地调整自己的驾驶速度,避免碰撞。又如,当观察者去接一个飞来的球时,他也需要预测球何时落于何地,以便准确地定位,及时做出接球动作。传统的知觉理论把人对这些动作的计时控制看作由一种复杂的预测系统所驱动。这个系统考虑了运动物体的速度、距离、加速度及加速度的变化率等因素。而 Lee 和 Young 认为,这种系统使人在利用信息时造成不必要的拖延,躲避行为、接球动作及其他知觉-运动系统利用了一种最可靠、最迅速的信息——Tau - margin 信息，用视觉变量 τ 表示。就是说，对运动物体碰撞时间或接触时间的知觉是由视觉变量决定的。

对运动物体的 TTC 知觉最早进行研究的是 Crooks。之后，Gibson 在其"直接知觉"理论中指出，运动视觉中的 TTC 知觉主要由视觉变量 τ 决定。在此基础上，Lee 提出了 TTC 知觉的视觉信息理论。该理论认为，运动物体视觉影像的相对扩张率为观察者提供了重要的一阶二维信息源（first - order two - dimentional source of information），记为 Tau - margin。这个信息源是观察者进行 TTC 判断的主要时间线索。最近，Lee 又进一步发展了其理论。他把任何变量对时间的相对变化率称为那个变量的 Tau 函数，若 Z 是一个随时间变化的量，Z' 是它对时间 t 的变化率，那么 $\tau(Z)$ 就表示 Tau - margin，其值为 Z/Z'。当物体向观察者运动时，物体与观察者的距离 Z 除以速度 $v(Z/v)$，这个物理量就是 $\tau(Z)$。若运动的加速度为零，则 $\tau(Z)=$ TTC，此时 Tau - margin 是 TTC 的精确值；运动的加速度不为零，那么 Tau - margin 只是 TTC 的近似值。无论物体的运动是否匀速，观察者都是利用 Tau - margin 信息做出 TTC 判断，Lee 称之为"恒定速率计时策略"（constant - velocity timing strategy）。

对运动视觉中时间知觉线索的大量研究是针对物体沿视轴运动（$d\theta/dt = 0$）的极端情况进行的。这种情况下，TTC 知觉和计时行为并非根据速度和距离信息做出，而是以视觉轮廓的相对扩张率（$\Phi/d\Phi/dt$）——τ 信息为主要线索，τ 信息使用的结果是忽视加速度的作用。Lee 发现，即使物体的运动存在加速度，人们也在衡定速率假设下进行 TTC 知觉，这就是他所谓的"衡定速率计时策略"。当物体偏离视轴朝一特定目标运动时（$d\theta/dt \neq 0$, $d\Phi/dt \neq 0$），对 TTC 知觉线索的研究也获得一些进展。实验结果表明，在物体的横向运动（transverse motion）和辐射运动（radial motion）中，观察者使用不同的信息源进行 TTC 判断，横向运动中，视觉变化近似于线性的，观察者使用距离和速度信息；而在辐射运动中，τ 变量成为主要的时间线索。最近，Delucia 还发现，物体大小也是影响 TTC 知觉的重要因素，人们倾向于认为大物体先到达目标。这些研究结果表明，不同运动方式下，TTC 知觉线索不同，视觉信息和物理信息是两种主要的信息源。

尽管早期研究证实决定运动物体与特定目标碰撞时间 TTC 的信息源是存在的，人们能从运动视觉序列中提取时间信息，并且能够利用这些信息判断物体的 TTC，但人们没有搞清楚应利用刺激的哪些方面。之后的研究又表明，无论成人还是儿童都利用视觉变量 τ（而不是大小、速度等信息）对 TTC 做出判断以及对计时行为进行控制。然而用这种信息判断时间会带来一定的误差，即对较长时间间隔表现出低估，对较短时间间隔表现出高估。这就引起了一个争议的问题，即如果人们的确使用 τ 信息预测和控制行为，那么为何要采用这种不太精确的方法呢？一种说法是，人们根据一种支配运动模式的内部模型做出 TTC 判断，这个内部模型并不能很好地反映现实世界的特点。

在知觉系统如何提取 TTC 信息问题上众说纷纭，心理学家曾做出各种假设。一种假设主张，TTC 信息是通过认知方法获得的，观察者通过知觉物体的距离和速度计算碰撞时间 TTC。而 Tresilian 认为，这种认知的加工是不合理的，TTC 知觉并非是对大小、速度、距离的即刻意识，而是对视角及其导数比率的直接感知。他提出了另一种假设，TTC 知觉依赖于视觉变量 τ，信息的加工是"直接"的，不需要认知活动参与。Regan 和 Hamstra 提出，视觉系统中可能有一种潜在的 TTC 信息加工器，此机制当视角的变化率超过初值时才有效。

后者在一定程度上与内部模型的观点相一致。还有一种极端的观点是：时间线索仅依赖于网膜影像大小的变化。这显然与时空知觉的基本原理——多种信息源的使用相冲突。对此，Cutting 提出了自己的假设，即知觉系统在不同情况下采用不同的方式工作。就是说，即使所有的信息源都存在，知觉系统也会根据具体情况使用不同的信息。然而，目前仍难以确定TTC 知觉是根据内部表征做出的还是根据外部特点做出的。

飞行视窗："整体 τ""局部 τ"

Tresilian 总结了 τ 的定义，并进行了区分。他把运动的视觉流域中"物体相对于视觉焦点的距离与其瞬时扩张的比值"称为"global τ"，而把"运动中物体上两点的视角与视角瞬时变化的比值"定义为"局部 τ"1 型［见图 7-3(a)］，把"物体作为一个整体来计算该物体视觉立体角与瞬时变化的比值"定义为"局部 τ"2 型［见图 7-3(b)］。后两种为一类，皆为"局部 τ"。

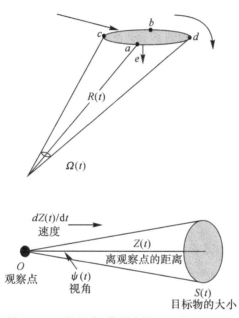

图 7-3　τ 的区分（资料来源：tresilian,1991）

飞行视窗：时间和空间信息对伸手拦截启动中知觉估计的影响

实验目的：在伸手拦截物体时，除需对运动物体进行估计外，还要考虑人自身的运动，并根据实时信息加以调整。为简化问题，本实验对运动路线和运动速度加以控制，在此情景下单独考察启动拦截的知觉估计。具体地说，通过释放一个以特定速度、沿特定方向运动的小球来模拟拦截运动。本实验的其他情景尽量与后续实验相一致，以进行比较。事实上，手的启动偏向性与知觉估计是两个不同的问题，而前人研究并没有加以区分。总之，本实验将考察在拦截运动中人的知觉估计是单独利用了变量，单独利用了距离信息，还是综合了多种信息的结果。

实验方法：本实验的自变量包括物体的速度和大小。前人研究显示，这些变量均影响接触时间估计。另外，本实验还将所释放小球离拦截点的距离作为变量进行探讨。具体地说，大小不同的物体球以不同的速度（快、中、慢）作匀速直线运动，被试在不同距离（远、近）上释放一小球，释放后小球以匀速直线运动。释放小球的时间可自由控制，被试的任务是让所释放的小球与运动物体相遇。收集小球释放时离拦截点的距离（即启动距离），并计算小球的接触时间。与前人研究范式不同的是，本实验主要分析人的反应倾向性，而不是准确性。

（1）实验材料：本实验利用计算机程序呈现刺激。运动物体为左上侧的小球如图 7－4 所示，分小球（直径约为 1 cm）和大球（直径约为 1.8 cm）两种情况，运动速度分快速（16 cm/s）、中速（12 cm/s）和慢速（8 cm/s）三种情况。被释放小球（右下侧小球）的大小（直径约为 1 cm）和运动速度（20 cm/s）固定，与运动球的垂直距离有远（大约 18 cm）和近（大约 9 cm）两种情况。

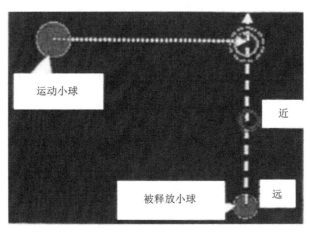

图 7－4　实验情境图（资料来源：唐日新，2008）

（2）实验仪器和装置：在室内无灯光照明环境下进行。实验刺激通过 Viewsonic 19 in（in＝2.54 cm）宽屏液晶显示器呈现，显示器的分辨率为 1 280×780 像素。被试的位置固定，与屏幕距离约 40 cm。

（3）实验任务和程序：实验采用 2（运动球大小：大、小）×3（运动球大小速度：快、中、慢）×2（释放球的距离：远、近）的完全被试内设计，每种情境重复 10 次，共 2×3×2×10＝120 次试验，顺序随机。实验流程如图 7－5 所示，实验开始后，呈现运动小球和被释放小球，同时有"beep"声提示，运动小球从左向右运动，起始位置在一定范围内随机。当被试认为时机适当时，按键盘"↑"键释放右下侧小球，该小球以固定速度作匀速直线运动，被试应尽可能使两球中心相遇。程序自动判断两球是否相撞。为与实际拦截实验保持一致，本实验增加了结果反馈，即如果两球相遇，则显示"击中"，否则显示"错过"。停顿 4 s 后，进入下一个试次。完成 60 个试次后，被试休息 3 min。实验前进行练习，让被试熟悉所释放小球的速度。在练习的准确率达到 50％后，开始正式实验。

结果与分析：

（1）物体大小、速度和释放距离对启动距离的影响。

计算小球释放时运动物体离拦截点的启动距离。对实验结果采用重复测量方差分析，因不符合球形检验，采用 Greenhouse－Geisser 矫正值。重复测量的方差分析结果表明，物体运动速度对启动距离的影响非常显著，$F_{(2,28)}＝232.472, p＜0.001$。两两比较后结果表明，不同速度间差异均达到 $p＜0.001$，即速度越快，启动距离越大。物体大小对启动距离影响显著，$F_{(1,14)}＝9.655, p＝0.008$，大物体的启动距离更大。释放距离对启动距离影响显著，$F(1,$

$14)=1\,659.553,p<0.001$，释放距离越大，启动距离也越大。物体速度和释放距离的交互作用显著，$F(2,28)=26.395,p<0.001$。物体速度和大小的交互作用显著，$F(2,28)=3.679$，$p=0.038$。释放距离和物体大小的交互作用不显著，$F(1,14)=1.669,p=0.217$。物体速度、大小和释放距离的交互作用不显著，$F(2,28)=0.837,p=0.444$。

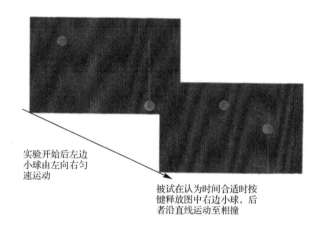

实验开始后左边
小球由左向匀
速运动

被试在认为时间合适时按
键释放图中右边小球，后
者沿直线运动至相撞

图 7-5　实验流程图（资料来源：唐日新，2008）

（2）物体大小、速度和释放距离对接触时间估计的影响。

根据物体的速度和启动距离可以计算所释放小球的接触时间。对实验结果采用重复测量方差分析，不符合球形检验，采用 Greenhouse-Geisser 矫正值。重复测量的方差分析结果表明，物体运动速度对接触时间的影响非常显著，$F(2,28)=37.123,p<0.001$。两两比较后结果表明：不同速度间差异均达到 $p<0.001$，即速度越快，接触时间越短。释放距离对启动距离的影响显著，$F(1,14)=1\,143.039,p<0.001$。物体大小对接触时间的影响接近显著，$F(1,14)=3.825,p=0.071$。速度和释放距离的交互作用显著，$F(2,28)=10.811,p<0.001$。物体速度和大小的交互作用不显著，$F(2,28)=2.506,p=0.1$。释放距离和物体大小的交互作用不显著，$F(1,14)=1.829,p=0.198$。物体速度、大小和释放距离的交互作用不显著，$F(2,28)=0.951,p=0.398$。

讨论：从以上结果可以看出，在不同运动速度条件下，接触时间和启动距离都有显著差异，表明人的运动启动既不是单纯根据空间信息（距离达到某个阈限值），也不是单纯根据时间信息（即 τ 到达某个阈限值），而都存在着一定的偏差。尽管被试可根据意识到的速度差异来调整释放时间，但对接触时间的估计并没有得到相应比例的延长。因此，无法单独用 τ 或距离信息来解释挡截运动的启动。随着物体运动速度的改变，接触时间估计的准确性发生具有倾向性的变化。具体地说，对于快速物体，启动将偏晚，而对于慢速运动物体，启动将偏早。尽管要求被试尽快拦截运动物体，但在拦截快速物体时手的运动速度更快。即从不同速度条件下的接触时间比较结果看，人对快速运动物体的接触时间有低估的倾向，对慢速和中速运动物体有高估的倾向。这个估计偏差是在知觉层面上的，无法用接触时间估计的 τ 理论来解释。在实际拦截中，由于手的运动可以调整，所以无法判断启动反应过迟或过早。而在本实验中，这一偏向性得以完整显现。对这一现象的解释，可从两个方面入手。一种可能性，其中一些人依据 τ 而另一些人依据距离信息来启动运动，这与 Port 等人的研究结果是一致的。但是，从单个数据来看，本实验并未显示出明显的个体差异。另一种可能性是，人在启动运动的过程中综合考虑了 τ 和距离信息，将反应局限在一定的空间范围内。物体大小影响启动距离，但并未影响对接触时间的估计。这与前人（DeLucia，Delucia 和 Warren，Smith 等人）的研究并不一致，前人在对刹车等活动的研究中发现物体大小影响对接触时间的估计。可能的原因是，在刹车等活动中，利用 τ 来估计接触时间，属于局部 τ 型，因此物体大小对接触时间的估计有影响，而本实验主要利用整体 τ，物体大小对接触时间影响不大。释放距离影响启动距离和接触时间，这是由于距离不同时所释放小球的运动时间存在差异。

结论：①从现象上看，被试对快速运动物体的接触时间估计偏小，而对慢速运动物体的接触时间估计偏大；②无法单独根据接触时间估计的 τ 理论来解释实验结果，即释放小球的时间既不能根据 τ，也不能根据距离阈限来完全解释，可能是综合作用的结果。

第二节　进场启动中的进场角度

在飞行员进场时，除需对进场的跑道与飞机的距离进行估计，还要对自身的运动进行估计，并根据瞬时信息进行全程调整，以免发生黑洞进场。上节实验已经证明在进场时，会综合利用时间和空间线索进行降落，本节在该实验基础上继续研究进场角度的问题。实际情况中，进场时，多数飞行员会采用盲降（ILS），在 ILS 引导下，选择最佳进场航道，一般情况下，此标准为：航向台 LLZ 信号范围左右 $\pm35°$，距跑道 25 n mile 信号开始可靠，下滑台 GP 信号范围上下 $\pm1.4°$，距跑道 10 n mile 开始信号可靠（下滑角一般 $3°\sim5°$），一般舰载机的下滑角度为 $5°$ 左右，如图 7-6 所示。

为了简化问题，增强实验的内部效度，本节对进场高度和进场的速度进行控制，在此基础上抽象出一个简单的进场模型，单独考察对于沿着不同角度进场的飞机质点，被试将会何时开始启动降落，即被试的知觉估计情况。具体说，被试操纵一个不同角度和固定速度的飞机质点模型来模拟进场。本节是基于选拔的行为数据上的收集。由于低角度不容易考察不同角度的行为反应倾向，为了更好地收集不同角度启动下被试的反应倾向（使自变量设置得更有梯度，避免全距限制和因变量天花板效应），选择的角度都比实际飞行的角度大。

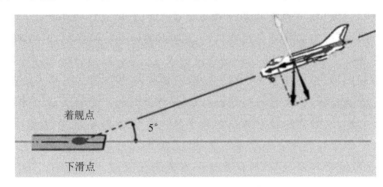

图 7-6　舰载机的一般下滑角度

选取经过操作考核(进场成功率为 80%)的大学生进行实验。实验的自变量包括进场的移动甲板的速度、大小及进场的角度。虽然在前人的研究中鲜有论述,但在本章的预实验表明,这些变量都会影响对 TCC 的估计。具体来说,大小不同的移动甲板(模拟木块)以不同速度(快速、中速、慢速)作匀速直线运动,被试以不同角度(15°,30°,60°),在相同高度上启动降落(释放飞机质点),启动后,质点作匀速直线运动。释放的时间可以随机选取,被试的任务是让飞机质点尽量与运动甲板相遇(即成功进场着陆)。实验过程如图 7-7 和图 7-8 所示。收集自变量、启动距离(即降落的飞行高度),计算 TCC 时间。

对所有被试数据的相遇反应击中率(被试成功使相遇在所有反应中所占的比例)进行统计,结果发现在 30°进场时,被试的反应正确率最高,高于在 15°和 60°的情况;一挡速进场优于其他速度,如图 7-9 所示。

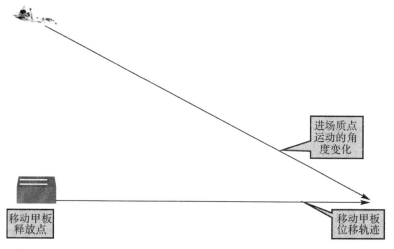

图 7-7 实验情景示意图(箭头方向为运动方向和角度,实际实验不显示)

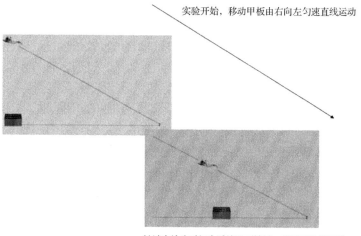

图 7-8 实验流程示意图

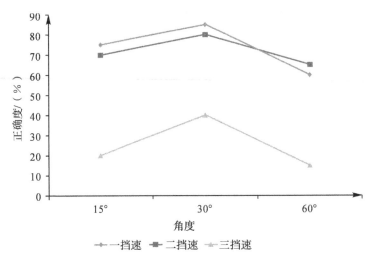

图 7 - 9　不同进场角度和速度对反应正确率的影响

移动进场的角度作用对进场启动距离的影响非常明显，即角度越大，进场启动距离越大。这和我们实际的飞行经验是相似的，如果进场角度经过 ILS 辅助进入适落航道，则启动距离不会预留很多；反之，如果经过目视进场，发现五边飞行后，在四边强切，就会预留很多的启动距离（即五边距离），而错觉在此时极易发生。我们知道，进场角度直接影响了错觉的发生率，而本章中进场角度也极其显著地影响了对飞行员飞机进场的时间和空间线索的判断，可以据此来对进场中时间、空间线索的估计与错觉尤其黑洞错觉建立联系。进场角度对于预估相遇时间也有着十分显著的影响，即角度越大，预估相遇时间愈长，即飞行员会高估从启动降落时到实际着落间的时间长度，这样就会诱使我们会加大速度或没有按照规定步骤减速，致使发生错觉。另外，发现在实验中，进场角度也影响了正确率，虽然本章的主要目的是研究被试知觉估计的反应倾向，没有将重点放在正确率上，但我们仍可在其中发现，并非随着角度的递增或递减，反应率也发生一致的变化，而是呈现出一种最优角度入场。这和实际的飞行经验也是吻合的，以最优角度入场下，时间线索和空间线索都得到了很好的综合利用，这样可以最大限度保证不出现错觉，顺利着落。当然本章中 15° 为最佳进场角度和实际的飞行研究并不十分吻合，实际情况中要比此角度小。为了在行为实验中保证实验的内部效度我们设置了这样的角度。对这些问题我们会在后面生态学研究中集中考察和讨论。总之，本章较好地揭示了进场角度会直接影响到飞行员对时间线索和空间线索的把握从而可能诱使错觉。

在飞机进场时，所知觉到的线索不仅有时间方面的因素，还有空间距离线索，说明飞行员在带有角度进场时应该采取多种综合线索。速度越快，角度越偏离最优角度，进场的启动距离也越大，说明对于飞行员来说，在合适的角度下，采取适宜角度进场是较安全的，而且角度越大，后期调整速度的可能性就越小；反之角度越小，后期可以调整的过程也就越短，这时飞行员就会人为地提升速度而不知实际上已经速度过快的事实，即造成黑洞进场。

另外，即使是在最优降落角度，速度越快，进场的预估相遇时间也会越短。这提醒我们进场速度会影响几乎从进场启动到进近的所有过程，即在不同降落角度中，对于快速移动的甲板，对进场时间的预估即准备降落和实际降落之间的时间间隔会变短，随着移动速度的增大，对预估相遇时间的成功率也有一致性的变化。具体来说,快速移动甲板,进场启动将会倾向于晚启动,即接近最终相遇时间,反之慢速移动甲板,进场启动将会倾向于早启动。虽然要求被试尽可能使两者相遇,但被试的反应倾向却是对快速移动低估,对慢速和中速移动高估。联系到黑洞错觉的形成,前人的研究大多集中在角度或者单独考虑速度,而没有结合起来一起考察。在本章中得出这样一个结论,飞行员进场的速度会在不同角度中影响对时间和空间线索的判定,而不能认为在适宜下滑角度就可以不关注速度。事实上优秀飞行员即使是仪表进场,也会以固定模式进行外界和仪表信息的交互扫描注意。在美国空军训练的降落阶段,要求飞行员重复地在跑道和速度表之间进行视觉扫描,推荐飞行员以 2∶1 的时间比例看座舱外部和内部,用"扇区扫视"或者用"略视扫视"方式进行。采用目视飞行规则飞行时,美国联邦航空局建议飞行员把 70% 的视觉注意力分配在座舱外。大量研究认为,这个分配比例是视觉搜索的最佳策略,可以加强空中交通安全。

飞行视窗:仪表着陆系统 ILS

仪表着陆系统是飞机进近和着陆引导的国际标准系统,于 1947 年由国际民航组织 ICAO 确认的国际标准着陆设备。全世界的仪表着陆系统都采用国际民用航空组织(简称为国际民航组织,International Civil Aviation Organization,ICAO)的技术性能要求,因此任何配备盲降的飞机在全世界任何装有盲降设备的机场都能得到统一的技术服务。"盲降"一词即使对经常坐飞机的人来说也有些陌生,它是普通旅客接触不到的航空专有名词,并非字面意思"闭着眼睛降"或"盲目降落"。盲降是仪表着陆系统的俗称,在低能见度天气下,地面导航台与机载设施建立相关后,系统可由自动驾驶仪完成对准跑道及后续着陆等行为。有别于天气正常时的"目视进场",此方式依靠仪表着陆系统引导飞机进近着陆,可理解为"不依赖眼睛"即称"盲降"。仪表着陆系统通常由一个甚高频(VHF)航向信标台、一个特高频(UHF)下滑信标台和几个甚高频指点标组成。航向信标台给出与跑道中心线对准的航向面,下滑信标给出仰角为 2.5°～3.5° 的下滑面(这两个面的交线即是仪表着陆系统给出的飞机进近着陆的准确路线)。指点标沿进近路线提供键控校准点即距离跑道入口一定距离处的高度校验,以及距离入口的距离。在从建立盲降到最后着陆阶段,若飞机低于盲降提供的下滑线,盲降系统就会发出告警。

仪表着陆系统能在气象条件恶劣和能见度差的条件下向飞行员提供引导信息,保证飞机安全进近和着陆。一个完整的仪表着陆系统包括方向引导、距离参考和目视参考系统。ILS 系统包括 3 个分系统:提供横向引导的航向信标、提供垂直引导的下滑信标和提供距离引导的指点信标。每一个分系统又由地面发射设备和机载设备所组成。

方向引导系统:航向台(Localizer,LOC/LLZ),位于跑道进近方向的远端,波束为角度很小的扇形,提供飞机相对于跑道的航向道(水平位置)指引;下滑台(Glide Slope,GS 或 Glide Path,GP),位于跑道入口端一侧,通过仰角为 3° 左右的波束提供飞机相对跑道入口的下滑道(垂直位置)指引。

距离参考系统:指点标,距离跑道从远到近分别为外指点标(Outer Marker,OM)、中指点标(Middle Marker,MM)和内指点标(Inner Marker,IM),提供飞机相对跑道入口的粗略的距离信息,通常表示飞机在依次飞过这些信标台时,分别到达最终进近定位点(Final Approach

Fix,FAF)、Ⅰ类运行的决断高度、Ⅱ类运行的决断高度。有时测距仪(Distance Measuring Equipment,DME)会和仪表着陆系统同时安装,使飞机能够得到更精确的距离信息,或者在某些场合替代指点标的作用。应用 DME 进行的 ILS 进近称为 ILS-DME 进近。

目视参考系统:精密进近轨迹指示器(Precision Approach Path Indicator,PAPI)提供飞行器相对正确的下滑道的位置的目视参考。进近灯光系统(Approach Light System,ALS)在夜间或者低能见度进近情况下提供跑道入口位置和方向的醒目的目视参考。

ILS 进场首先是下滑到大约 3 000 ft,斜向接近机场。在输入指定跑道 ILS 通信信标频率之后,开始导航。当成功捕获到 ILS 信号时,自动驾驶的方向导航开关会自动关闭,自动进场。在飞行器对准跑道之后,开启接近机场导航(Approach Hold),飞行器会自动下滑。

盲降的作用在天气恶劣、能见度低的情况下显得尤为突出。它可以在飞行员肉眼难以发现跑道或标志时,给飞机提供一个可靠的进近着陆通道,以便让飞行员掌握位置、方位、下降高度,从而安全着陆。根据盲降的精密度,盲降给飞机提供的进近着陆标准不一样,因此盲降可分为Ⅰ、Ⅱ、Ⅲ类标准。

Ⅰ类盲降。在前方能见度不低于 800 m 的条件下或跑道视程不小于 550 m 情况下,以高的进场成功概率,将飞机引导至 60 m 的决断高度(中指点标上空)。

Ⅱ类盲降。在前方能见度不低于 400 m 的条件下或跑道视程不小于 350 m 情况下,以高的进场成功概率,将飞机引导至 30 m 的决断高度(内指点标上空)。

Ⅲ类盲降。分为Ⅲa、Ⅲb 和Ⅲc 三类。Ⅲa 类设施的性能:没有决断高度限制,在跑道视距不小于 200 m 的条件下,着陆的最后阶段凭外界目视参考,引导飞机至跑道表面,因此又叫"看着着陆"(see to land)。Ⅲb 类设施的性能:没有决断高度限制和不依赖外界目视参考,一直到跑道表面,并在跑道视距 50m 的条件下,凭外界目视参考滑行,因此又叫"看着滑行"(see taxi)。Ⅲc 类设施的性能:无决断高度限制,不依靠外界目视参考,能沿着跑道表面着陆和滑行。

云彩到地面的高度小于 60 m、能见度在 800 m 以下能实现飞机起降的,为Ⅰ类盲降;当云彩到地面的高度小于 30 m、能见度在 400 m 以下能实现起降的为Ⅱ类盲降;肉眼看不见任何东西,完全依靠仪器自动导航就能实现飞机起降的,为Ⅲ类盲降中的最高等级。

飞行视窗:天花板效应和地板效应

在心理学实验中,常常会遇到实验中的因变量水平趋于完美(接近于量表的"天花板"),或者趋于零效应的现象。这些效应被称为量表衰减效应(或者,更通俗地称为天花板和地板效应)。当遇到这种情况时,研究者该如何进行解释呢? 首先让我们来看一下什么是天花板效应和地板效应。在影响指标有效性的各种因素里,天花板效应(ceiling effect)和地板效应(floor effect)是尤其典型的情况。这两种效应是指反应指标的量程不够大,而造成反应停留在指标量表的最顶端或最底端,从而使指标的有效性遭受损失。

先来看一个天花板效应的例子。假设有一个研究者想要比较游泳和跑步的减肥效果。他找来两个肥胖的人作被试。首先用一架台秤秤他们的体重,发现两个被试的体重正好都是 300 lb(1 lb=0.454 kg)。然后,这两个被试开始减肥计划,一个跑步,另一个游泳。几个月后,两个人又一次用同一架台秤称体重,结果发现两个人的体重都是 250 lb。研究者认为两个人都减重 50 lb,因此断定跑步和游泳的减肥效果一样好。但是研究者忽视了一个严重的问题,那就是它所用台秤的量程是 0～300 lb,不能称出这两个人的确切体重。(如果用一个范围足够大的秤去称的话,一个被试是 300 lb,而另一个是 350 lb。通过跑步减肥的被试减重 50 lb,而通过游泳的被试减重了 100 lb。)由于两个被试的体重都已经到达了反应指标量程的最顶端,致使他们各自的减肥效果没有真正地体现出来。这就是一个天花板效应的问题。

再来看一个地板效应的例子。假如你教一个动作不太协调的朋友打保龄球。你认为奖赏可以提高作业水平,因此每当他打一个全中你就为他买一杯啤酒。然而你的朋友将球都扔到沟里去了。这样,你不能提供奖赏了,而且你还预期他的作业水平会随着练习次数的增加而降低。但由于再没有比沟里球更低的水平了,所以你观察不到成绩的任何下降,此时你朋友的作业水平已经到了反应指标量程的最底端。这就是地板效应。

天花板和地板效应都阻碍了因变量对自变量效果的准确反映,在选择反应指标时应努力避免。那么该怎样避免呢? 通常的方法是:尝试着先通过实验设计去避免极端的反应,然后再试着通过测试少量的先期被试来考察他们对任务操作的反应情况。如果被试的反应接近指标量程的顶端或底端,那么实验任务就需修正。例如,在一个记忆实验中,如果记忆成绩太好,那就可以增加呈现的材料以降低作业水平。与此相似,如果被试完成得太糟糕,几乎记不住任何东西,那么就要通过减少识记材料、放慢呈现速度等方法使任务变得容易些。设计实验任务和反应指标的指导思想是应使被试的反应情况分布在指标量程的中等范围内。那么,操作自变量时,被试反应水平的提高或降低都能被观察到。谨慎的研究者在实施可能被天花板或地板效应污染的实验前,先做好预备实验。预备实验能使研究者了解到实验中存在的有关设计或实验程序方面的问题。

第八章　进场调整过程中的时间线索和空间线索

　　知觉运动和感知这两个系统是相互依赖的,从生态光学的观点来看,进场时间的视觉信息可以用来引导运动直接响应,进而指导视觉信息的移动。但是,知觉信息是如何指导运动的呢? Lee 认为 Tau 变量可以被用来引导所有的运动。因此,广义 Tau 理论尝试解释所有控制身体运动行为,所有的运动都是正逐渐关闭的 Tau 变量耦合运动鸿沟(Tau - coupling motion - gaps)即 Tau 耦合运动的差距,具体是指目前的状态和目标状态之间的间距。

　　早期 Tau 理论中 Tau 线索仅是一种在光线和物体比率之间的变量,是指对象本身和图像在个体知觉范围内的立体变化的比率。然而,在更加广义的 Tau 理论中,Tau 变量不仅指光学可变量,或是时间可变量,更是一个变量的时间和空间的链接,$Tau(x) = X/x$,其中,x 表示的是变量 X 的一阶导数。随后 Lee 认为,相同等量的推算,从数学的角度来看,人类或动物是否真的完全依赖于广义 Tau 线索来指导所有的运动,目前仍然缺乏可靠的证据。尤其对飞行员进场过程中时间线索和空间线索的作用和作用阶段现有的研究较为匮乏。在进场启动之后,飞行员究竟是如何利用时间和空间线索进行调整,以及如何在运动调整过程中进行控制的? 本章将讨论上述问题。

　　飞行员进场时,除对进场的跑道与飞机的距离进行估计外,还要对自身的运动进行估计,并根据瞬时信息进行全程的调整,以免发生黑洞进场。第七章中已经证明在飞行员进场时,会综合利用时间和空间线索进行降落。本章在此基础上继续讨论进场的问题。实际情况中进场时,多数飞行员会采用 ILS(盲降),在 ILS 引导下,选择最佳进场航道。但在实际舰载飞行员的进场中,进场时间线索显得更为重要,原因是舰载机飞行员在能见度低、甲板上下颠簸等极其不利的情况下在极短时间内实现起降。因此在进场时,对于时间的判断极其重要。

第一节　舰载机海上飞行的时空特点

　　较陆基飞行员而言,舰载机海上飞行最明显的特点就是参照物极少,海天一色,飞行员极易产生空间定向障碍。另外,海上气象条件恶劣多变,对飞行影响很大。

一、海上飞行的特点

　　海上飞行较陆基飞行差别较大,有其独特的特点。

(一)自然条件特点

自然条件的主要特点：一是海上风浪大，影响飞行操作的稳定性；二是海面眩光大，对飞行员视觉影响大；三是海上天气变化快，云雾天能见度低；四是着落时海空恶劣的气象条件导致飞行员心理压力骤然加大，飞行员此时极易产生空间定向障碍。

(二)起飞降落特点

陆基飞行起降跑道长约为 1 500~2 500 m，飞机起飞为匀加速，着陆采用低速入场方式。而在航母上起飞降落的距离不到正常跑道的 1/6。航母作为起降平台是高速运动的，甲板跑道长度短，舰载机着舰采用高速入场方式在斜角甲板上着舰，通过勾挂阻拦索在 2~3 s 内减速至静止状态，而一旦挂索失败飞行员必须立刻复飞然后重新着舰。整个起降过程中，飞行员需在很短的时间内完成校准航向、调准角度、掌握速度、纠正偏差，以及准备复飞或逃逸等一系列复杂判断和精细操作，这对普通飞行员而言几乎是不可完成的任务。

二、时空特点的难分离性

在单位时间内对舰载机飞行员关于时间线索的知觉要求更加苛刻。另外，在飞行员进场时，除需对进场的跑道与飞机的距离进行估计外，还要对自身的运动进行估计，并根据瞬时信息进行全程的调整，以免发生黑洞进场。大多数情况下，推荐飞行员仪表进场，但据以往研究，多数飞行员会进行参照仪表的目视进场。这里的时间线索可以抽象成为任务序列完成后到机场的时间间隔，而目视进场大多知觉的是空间线索。简单地说，目视进场依靠空间线索更多，仪表进场依靠的时间线索更多，但这两者也不是截然分离的，每一个阶段的时间和空间是如何作用的，要分开探讨。

如图 8-1 所示，进场着落阶段一般是指飞机从进场离地垂直高度 50 ft 开始，到接地停止的过程。即以进场速度 v_{ref} 开始进场，经过下降拉平至主轮着地阶段，包含三个过程阶段：①探测到适降机场，选择下滑最优通道启动进场；②启动后速度调整过程；③实际接地静止。

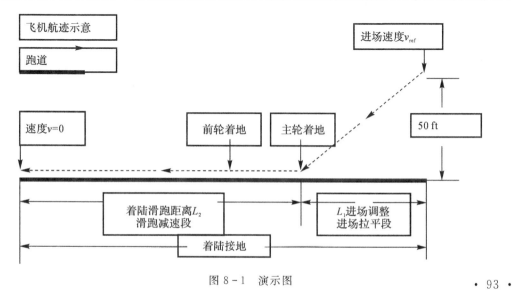

图 8-1　演示图

为了更好地完成行为学实验数据的采集,我们研究启动过程中的速度调整过程,即从启动到相遇。在接地时,我们的行为模型不要求速度为零,这样更有利于用实验行为学方法来探讨过程。

第二节　以不同速度进场时时间线索信息的作用

本节将空间线索排除,单独呈现时间线索,以探讨飞行员进场时的时间线索对速度及达到最大速度时间的作用。本节采取控制不同速度进场时的时间线索来研究进场时的时间信息对飞行员的速度操控模式的影响,但在实际情况下,时间和空间线索的独立非常难以控制。本节尝试在前人研究的基础上,采取新的研究范式探讨以不同速度进场时时间线索的作用。

一、以不同速度进场时时间线索概述

在匀速运动情况下,可以知觉到变化均匀的时间和空间线索。这在研究时间线索对于进场行为中造成了一定的混淆。

(一)不同速度的划分

为了更具体地以不同速度进场时探索反应时间线索的作用,参考前人研究并结合相关资料分析,本实验严格控制了移动甲板的速度模式,分别是中等速度的匀速状态、快速状态、低速状态和计时进场运动。通过这样的划分,我们可以对时间线索信息在进场过程中的作用有一个更加清晰、明了的认识和把握。

(二)对进场角度的控制

由于进场盲降会控制进场角度,本章为了增强实验的内部效度和外部效度,对进场的角度(最优角度)加以控制。同时,由于进场飞机与航母尺寸比例相对固定,我们也将移动甲板的大小固定,在此基础上抽象出一个简单的进场模型,单独考察沿不同速度模式进场的飞机质点,飞行员在启动过程中的速度的控制,即在进场过程中的估计情况。具体而言,飞行员操纵一个不同速度模式的飞机质点模型来模拟进场。本实验目的是基于选拔的进行行为数据上的收集。低角度下不容易考察不同角度的行为反应倾向。为了更好地收集不同角度启动下飞行员的反应倾向(使自变量设置得更有梯度,避免全距限制和因变量天花板效应),选择的角度都比实际飞行的角度要大。具体角度修正会在随后的生态学实验(模拟飞行)中加以体现。由于前面实验已经验证在本行为模型中30°为较好下降通道,所以我们选取30°下降。

总之,本章将考察在知觉到以不同速度模式运行的目标(甲板),大小恒定,飞行员的进场过程中的速度操纵的变化情况。

二、以不同速度进场时时间线索的过程模拟

(一)模拟人员及设备

常明选出了17名大学一年级均无驾驶(汽车)经验的学生,在进行45 min模拟飞行进场

训练课程且均经过操作考核(进场成功率为 80%)后进行了实验。实验考察了以不同速度进场时时间线索信息的作用。

实验利用计算机程序呈现刺激。移动甲板为左下侧灰色长方体(经预实验,被试能在屏幕刺激中很好分辨。为最大限度满足外部效度,采用灰色背景,白跑道),只采用大长方体(1.9 cm³)情况(为方便被试知觉),运动状态分为低速、中速、快速和时间提示速度。在所有情况下,甲板先以低速 1 cm/s 运动 2 s,在距离着陆点 25 cm 处,屏幕显示进场启动开始,同时计算机发出提示声音"嘀",被试开始启动进场,进场角度为 30°。被试可以通过鼠标的左键和右键操纵飞机质点的速度,用食指操作左键加速,用中指操作右键减速,质点大小固定。注意:在快速、中速、低速情境下,运动甲板在"嘀"声后持续呈现在屏幕上以各自速度由左向右运动;在时间计时状态下,运动甲板消失,出现在着陆点上,在甲板中央呈现数字,从 0 开始到 10 结束,每 100 ms 增加数字 1,当数字到 10 时,刚好保证飞机着陆。

实验过程所用设备由奔腾 IV 台式计算机控制,显示屏均为液晶显示器,屏幕分辨率为 1 024×768 像素,刷新频率为 70 Hz 以上。本实验程序采用 Visual C++语言编制,该语言可较好控制动态客体的运动轨迹,并可使刺激呈现和计时精度均达到毫秒级。被试位置固定,控制被试与计算机的视觉距离为 35 cm。采用 MATLAB 6.5 软件中滤波函数对所有被试速度数据进行低通滤波,截止频率 20 Hz。

(二)模拟操作

实验采用单因素的被试内设计,自变量为进场的移动甲板的速度模式,分别是中等速度的匀速状态、快速状态、低速状态和计时进场运动。四种情景各重复 13 次,共计 52 次实验,顺序采用拉丁方设计。在实验开始前让被试熟悉程序,准确率在 80% 以上,并且每一个被试连续成功五次后才开始正式实验。任务要求被试尽最大可能使两者相遇,并告诉被试如果多次不成功会在随后的飞行训练科目中淘汰(实际不会)。为了收集所有被试的反应倾向性,实际统计结果选取所有值。

本实验因变量为被试控制飞机的最大速度值的平均值和达到最大速度值的时间比值(利用 MATLAB 6.5 软件收集)。中等速度的匀速状态:移动甲板以二挡速 10 cm/s 的速度匀速进行。快速状态:移动甲板以三挡速 14 cm/s 的速度匀速进行。低速状态:移动甲板以一挡速度 6 cm/s 的速度匀速进行。时间计时状态:实际为了避免被试知觉空间线索,运动轨迹不呈现在屏幕上,只在相撞点用计时器呈现从 1~10 的计时,到 10 s 时要求被试降落在甲板上。

实验开始后,呈现移动木块(甲板)和飞机质点(进场飞机),移动木块从左向右运动,被试释放飞机质点。计算机自动判断相遇,如果相遇,屏幕呈现"SUCCESS",如果没有相遇,呈现"MISS"。每一个单元试次之间间隔 5 s。图 8-2 为情景示意图,图 8-3 为时间计时状态。

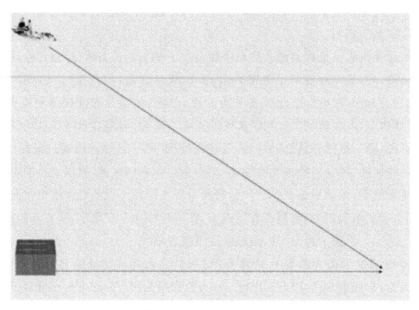

图 8-2 情景示意图

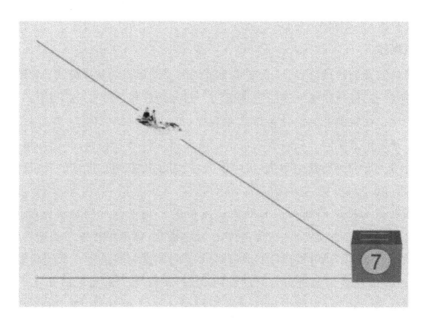

图 8-3 时间计时状态

三、时间线索信息的作用

（一）时间线索信息在移动进场最大速度时的作用

为方便统计没有对最大速度的平均值进行单位换算，统一为相对值。根据 MATLAB 6.5 软件要求，采样序列单位为 mm/3ms，结果见表 8-1。

表 8 - 1　移动进场最大速度在快、中、低三水平上描述性统计表　单位:mm/3ms

	时间估计任务	快速	中速	低速
平均数	4.12	4.39	4.52	4.37
标准差	0.91	0.87	0.93	0.92

　　配对样本的 t 检验结果表明:时间估计任务与快速的进场最大速度之间出现了显著性差异,时间估计任务与中速的进场最大速度之间出现了显著性差异,时间估计任务与低速的进场最大速度之间出现了显著性差异。

　　在仅有时间估计任务情景下,被试达到的最大速度比其他几种状态要低,说明在此种状态下,被试倾向于保守策略,保持速度在一个较安全的模式之下,避免高速入场。联系到实际进场行为,这与在采取 ILS 进场中飞行员较多采用安全速度操作的行为是相吻合的。在盲降中,飞行员关注较多的是任务序列,即时间线索,这样速度就不会很大,相对比较安全。另外,任务的时间线索清晰与否影响被试进场时的最大速度的释放,时间线索可能是全程作用于进场过程;在快速和低速情况下(与安全速度相比),没有显著差异,这表明飞行员如果进场采取空间线索,目视进场时,对其最大速度的影响不大,这可能是空间线索不影响被试的最大速度选择所致,即采用目视进场时,在进场时间较短的情况下,倾向于忽略自身速度选择,导致发生人因失误。

(二)时间线索信息在达到最大速度的时间比率值时的作用

　　本实验中,达到最大速度的时间比率值为被试操作质点时从最低速到最高速之间所花的时间占总体时间的比率。实验结果见表 8 - 2。

表 8 - 2　达到最大速度的时间比率值在快、中、低三水平上描述性统计表

	时间估计任务	快速	中速	低速
平均数	0.38	0.67	0.52	0.73
标准差	0.07	0.09	0.11	0.13

　　配对样本的 t 检验结果表明:时间估计任务与快速的进场最大速度之间出现了显著性差异,时间估计任务与中速的进场最大速度之间出现了显著性差异,时间估计任务与低速的进场最大速度之间出现了显著性差异。

　　在时间估计任务下,被试倾向于提早到达最高速度,这就可能使得随后进场时有充分的时间进行调整。这样的策略模式选择可能有助于被试成功率提高。这也说明了时间线索如果作用于进场过程的话,应该是从进场早期开始。时间线索对快速和低速均有显著影响,中速与时间估计任务的时间比例无显著差异。这说明快速和低速任务下,被试所采取的模式就是先低速后高速,即出现最大速度时间点后移,这在进场中会造成随后速度调整时间不足,进而发生错觉出现事故。

　　总的来说,在空间信息线索缺乏,只有时间线索指导的情况下,飞行员倾向于使最大速度降低,而且达到最大速度的时间点提前。在快速和低速情况下,对最大速度的影响不大,说明

进场行为中时间因素对最大速度的选择和达到最大速度的时间点序列位置的影响较大。时间线索可能作用于进场全程的判断,或至少在早期速度选择中起重要作用。

心理视窗:实验效度

"效度"一词是从测量学中借过来的,指"量表能测量出其所要测量的特性或功能的程度",也指"测验对测验目的的有效性"。这就是说,效度指"有效的程度"或"确实的程度"。对心理实验效度概念的理解也理应遵此。心理实验效度,指的是心理实验结论的真实性程度和有效性程度。心理实验结论有样本结论和目标总体结论两种形式。实验的样本结论是直接从样本实验中得出的结论,是专对样本实验下的结论。实验的目标总体结论则是对样本结论的推广,它的适用范围是目标总体(研究者的研究目的的总体)。与心理实验结论的两种形式相对应,我们将心理实验效度分为内部效度和外部效度。

(一)内部效度

心理实验的内部效度是指心理实验的样本结论的真实性程度。心理实验的目的是要揭示自变量和因变量之间的确定性关系。而影响这种确定性关系的因素是很多的,归结起来一共有三类,即实验设计质量、实验实施质量和统计检验效度。实验者要认真考察心理实验从设计到实施,再到结果的统计检验的全过程,才能得出实验的样本结论。因此一个心理实验的内部效度可分为设计效度、实施效度和统计检验效度。设计效度是指实施设计类型适合于研究目的、任务的程度。若依据设计理论可以揭示出自变量和因变量之间的关系则设计效度较高;反之,设计效度较低。如在单因素心理实验中,采用等组设计就比单组设计的效度高。实施效度是指实验实施中各项工作符合要求的程度。心理实验的正式实施从完成抽取被试这一准备性工作后开始,包括分配被试、操纵实验变量、控制非实验变量测验等多项工作。若某一项或几项工作没有按照实验设计的要求去做,如分组不均等,或没有按照要求去操纵实验因素、控制无关因素等,都会直接影响着实施效度的高低。故实施效度又可进一步分为分组效度、操纵效度、控制效度和测验效度。要使一个实验有良好的内部效度,必须使设计效度、实施效度、统计检验效度三者同时保持在良好的水平上。

(二)外部效度

心理实验的外部效度,就是指实验的目标总体结论的真实性程度。亦即实验的样本结论推广到实验目标总体的有效性程度。实验的目标总体结论是对实验样本结论的推广,目标总体结论依赖于样本结论,因此,外部效度首先依赖于内部效度,内部效度是外部效度的基础。在这个意义上,我们视内部效度为构成外部效度的一部分,构成外部效度的另一部分是推广效度。推广效度包括两个方面,即由样本被试到目标总体被试的推广和由实验情境到一般实际情境的推广,相应就有被试推广效度和情境推广效度。被试推广效度取决于抽样效度,即所抽取的实验样本对实验目标总体的代表程度。情境推广效度取决于实验情境影响与一般情境影响的一致性程度,若实验情境与一般情境相似,则情境推广效度高。

影响心理实验效度的因素众多,包括自然成熟、前测迁移、被试的选择、期望效应、疲劳效应等等。为了有效提高心理实验效度,必须依据研究目的,进行最佳的实验设计;依据实验设计,进行最佳的实验控制。

心理视窗:单因素被试内设计

该实验设计方法是众多实验设计中的一种。它是指把所有被试分配到自变量的不同水平下,每个被试均接受自变量所有水平的处理。该实验设计具有以下特点:实验中只有一个自变量,自变量的处理水平有两个或两个以上,每个被试接受所有的实验处理水平。同时它具有如下优点:

(1)被试利用经济性。采用被试内实验设计可以节省大量的被试。

(2)节省实验的时间,比如 ERP 实验的准备时间以及实验中练习的时间。

(3)更好地控制了被试的个体差异,很好地控制了个体差异这一无关变量。

(4)心理学的某些领域需要使用被试内设计,即被试内内设计用于研究练习的阶段性最为理想。

当然,它不可避免地也存在一些缺点:

(1)实验条件互相干扰,如"练习效应""疲劳效应"等。

(2)延期效应,即第二个实验条件会受第一个实验条件的影响,如记忆实验。

第三节　在进场不同阶段空间线索的影响

第二节将空间线索排除,单独呈现时间线索,以探讨飞行员进场时的时间线索对速度及达到最大速度时间的影响。本实验沿袭第二节实验的思路,采取控制不同时间段的空间线索来研究进场中空间信息对于飞行员速度操控模式的影响,但实际中时间和空间线索的独立,非常难以控制,本节尝试在前人研究的基础上,采取新的研究范式探讨空间线索对进场时速度控制模式的影响。

一、概述

为了更好地完成行为实验数据采集,我们研究启动过程中的速度调整过程,即从启动到相遇;在接地时本节的行为模型不要求速度为零,这样更有利于用实验行为学方法来探讨过程。

(一)进场阶段的划分

第二节中已证明在飞行员进场时,在全程可能都会利用时间线索,并且时间限速会影响到最大速度的出现时间序列。本实验在第二节实验结论的支持下,采用认知实验中时常采用的屏蔽阴影范式来解决时间和空间的不同阶段分离。类似地,我们也把调整启动阶段在实验中分为两大类三阶段:第一阶段是线索综合作用阶段,即时间空间线索交互影响;第二阶段是排除时间线索的空间因素单独作用;第三阶段是线索综合作用阶段,即时间空间线索交互影响。

(二)进场过程的控制

因为进场盲降会控制进场角度,为了增强实验的内部效度和外部效度,本实验对进场的角度(最优角度)加以控制。为了更好地收集不同角度启动下被试的反应倾向(使自变量设置的更有梯度,避免全距限制和因变量天花板效应),选择的角度都比实际飞行的角度大。具体角度修正会在随后的生态学实验(模拟飞行)中体现。前面实验已经验证在本行为模型中 30° 为较好的下降通道，所以选取 30°下降。同时，由于进场飞机与航母尺寸比例相对固定，我们也将移动甲板的大小固定，在此基础上抽象出一个简单的进场模型，单独考察被试在启动进场后对于不同阶段的空间线索的速度控制模式，即被试在进场过程中的估计情况。具体说，被试操纵一个飞机质点模型来模拟进场，实验中收集不同阶段基于不同线索作用下的被试速度变化模式。总之，本实验将考察被试在空间线索作用阶段速度控制的模式。

二、在进场不同阶段的空间线索过程模拟

（一）模拟人员及设备

常明选出 17 名右利手、身体健康、视力或矫正视力正常、无色盲或色弱现象、无驾驶（汽车）经验的大学一年级的学生，对他们进行 45 min 模拟飞行进场训练课程，且均经过操作考核（进场成功率为 80%）后进行实验。实验考察了空间线索在进场不同阶段的影响。

实验利用计算机程序呈现刺激。移动甲板为屏幕左下侧灰色长方体（见图 8-4）（经预实验，被试能在屏幕刺激中很好分辨；为最大限度满足外部效度，采用灰色背景，白跑道），屏蔽带采用长方形（1.9 cm×4 cm）情况（为方便被试知觉采用红色），在 S 形运动中，框内木块与屏幕背景颜色明暗对比度增强，使被试更易知觉到相对运动。所有情况下在距离着陆点 25 cm 处。屏幕显示进场启动开始，同时计算机提示声音"嘀"，被试开始启动进场，进场角度为 30°。对飞机质点的速度，被试可以通过鼠标的左键和右键操纵（食指操作左键加速，中指操作右键减速），质点大小固定。注意：在中速情境下，运动甲板在"嘀"声后持续呈现在屏幕上以各自速度由左向右运动。

实验过程所用设备由奔腾 Ⅳ 台式计算机控制，显示屏均为液晶显示器，屏幕分辨率为 1 024×768 像素，刷新频率为 70 Hz 以上，本实验程序采用 Visual C++语言编制，该语言可较好地控制动态客体的运动轨迹，并可使刺激呈现和计时精度均达到毫秒级，被试位置固定，控制被试与计算机的视觉距离为 35 cm。被试数据采集采用 MATLAB 6.5 软件中滤波函数对所有被试速度数据进行低通滤波，截至频率 20 Hz。

（二）不同阶段空间线索模拟操作

实验采用单因素的被试内设计，自变量为移动甲板的运动模式，包括基线参考水平、前期、中期和后期。四种情景重复 13 次，共计 52 次，顺序采用 ABBA 设计。在实验开始前让被试熟悉程序，准确率在 80% 以上，并且每一个被试连续成功 5 次后才开始正式实验。任务要求被试尽最大可能使两者相遇，并告诉被试如果多次不成功会在随后的飞行训练科目中淘汰（实际不会），为了收集所有被试的反应倾向性，实际统计结果选取所有值。

本实验移动甲板的运动模式有以下两种：控制空间线索，仅有时间线索参与的运动（T型）；等速度的中等匀速状态，即移动甲板以 10 cm/s 的速度匀速进行。采用透明区域屏蔽范式来进行对各个阶段时间线索和空间线索的控制，实现时间线索和空间线索分离。具体分离过程如下。

移动甲板在前进中不同于以上类型的是，同时出现以固定速度由左向右运动的透明区域带，长度为 4 cm，运动速度为 5 cm/s，其中移动甲板速度为二挡速度匀速运动（10 cm/s）。由于前者运动较快后者运动较慢，两者会有一段时间重叠，但经过透明区域框时，甲板木块依然

可以被知觉。这里为了排除无关变量，调整木块和背景的明暗对比度，使木块更易知觉，同样经过时间为 800 ms，甲板全程运动距离为 25 cm，整体运动时间为 2.5 s，即在透明框下运动时间为整体运动时间的 1/3。由于在透明框下的运动，木块和区域带均有运动速度；由于运动时两者均有边框，而且运动时边框会提供不同的速度知觉从而导致被试无法正确感知距离着落的时间，干扰了被试对运动甲板的时间知觉，即时间信息；而透明框会以一定速度运动，中间甲板木块可见（并且明暗对比度增强使被试更易知觉到木块），这就会提供到着落点的空间信息（即甲板到达还是没有到达的空间间隔）。这样就不会干扰到空间线索的作用。我们称之为 S 形运动。而且整个运动阶段运动也可分为初始、中期、末期三个阶段。

本实验因变量为被试控制飞机的最大速度值的平均值和达到最大速度值的时间比值（利用 MATLAB 6.5 收集）。

实验开始后，呈现移动木块（甲板）和飞机质点（进场飞机），移动木块从左向右运动，被试释放飞机质点，计算机自动判断相遇，如果相遇，屏幕呈现"SUCCESS"，反之呈现"MISS"。每个单元试次之间间隔 5 s。实验流程图如图 8-4 的所示。

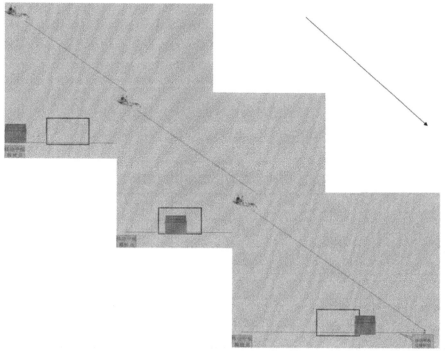

图 8-4　实验流程图

三、空间线索的影响

（一）移动进场最大速度时空间线索在进场不同阶段的作用

表 8-3 为四种任务情境下的最大速度的平均值和标准差。表中速度单位采取相对值。结果如下，"前期"（指在甲板运动在透明框之前），与中速运动相比差异显著，其他阶段与中速相比无显著差异，见表 8-3。

表 8-3　不同运动状态的采集的最大速度的平均数和标准差　　　　　单位：cm/s

	参考基线中速	前期	中期	后期
平均数	4.49	5.80	4.37	4.45
标准差	0.84	0.74	0.81	0.78

配对样本的 t 检验结果表明，参考基线中速与前期出现了显著性差异，参考基线中速与中期出现了显著性差异，参考基线中速与后期出现了显著性差异。

在时间线索受到干扰，空间线索得到知觉的任务情景下，被试早期达到的最大速度比其他几种状态要高。这说明在空间线索作用的早期阶段，被试倾向于激进策略，充分自信于能够把保持速度在一个较安全的模式之下。随着进场进程的推进，由于速度初始过大，被试不得不调整速度，致使后期调整时间无法得到充分满足，从而诱发错觉，导致失误。联系到实际进场行为，这与飞行员在采取目视进场中较多地采用高出安全速度操作的行为是相吻合的。在目视进近中，飞行员关注较多的不是任务序列，即时间线索，而是把较大注意资源放在了空间线索（外界信息），相对来说，这种模式极易出现错觉。另外，任务的空间线索清晰与否影响被试进场时的最大速度的释放，相对于时间线索而言，空间线索较多地作用于进场过程前期，并且在与基线安全速度的比较中，我们可以知道，与时间线索比较，空间线索作用显著的阶段要短于时间线索作用显著的阶段。

（二）空间线索在进场不同阶段达到最大速度的时间比率值时的作用

对达到最大速度的时间比率值（指被试操作质点时从最低速到最高速之间所花的时间占总体时间的比率）的分析结果见表 8-4。

表 8-4　达到最大速度的时间比率不同时期的描述性统计表

	参考基线中速	前期	中期	后期
平均数	0.55	0.51	0.59	0.81
标准差	0.09	0.09	0.11	0.13

配对样本的 t 检验结果表明：参考基线中速与前期没有出现显著性差异，参考基线中速与中期没有出现显著性差异，参考基线中速与后期出现了显著性差异。

在时间线索受到干扰、空间线索得到知觉任务下，被试倾向于较晚达到最高速度，这就可能导致随后进场时没有充分的时间进行调整，这样的策略模式选择可能有助于被试的成功率大幅提高。这也说明了空间线索虽然作用于早期进场阶段，但被试的反应倾向不仅会在早期做出速度上的回应，而且会在后期有一个弥补型的速度"补偿"，这可能有着某种因果关系。这在实际飞行经验中也屡见不鲜，多数飞行员采用 ILS 定位好最优下滑角度，但是由于高度较低，会有较大概率恢复采用目视方式进场，这有可能诱使发生进场黑洞错觉，引发事故。

总的来说，在时间信息受到干扰、空间信息得到单独知觉时，被试倾向于在早期降低最大速度，最大速度会在中后期出现。空间线索作用于进场早期的判断，在后期会影响达到时间序列里的最大速度。在时间信息线索受到干扰，只有空间线索的指导情况下，被试反应倾向于达到最大速度的时间点推后。

～～～～～～～～～～～～～～～～～～～～～～～～～～～

飞行视窗：平衡顺序效应的方法

被试内设计可以分为完全被试内设计和不完全被试内设计。完全被试内设计是指每个被试接受自变量每种条件多次的处理；对每个被试进行平衡，适用在任务简单，而且不需要花费很多时间完成的情况下。而不完全被试内设计则是指每个被试只接受自变量每种条件一次的处理，在被试间进行平衡。

完全被试内设计消除练习效应的方法有块（Block）随机化和 ABBA 设计。Block 随机化中，实验的所有条件为一个 Block，每次呈现的顺序是随机的。Block 的数量＝每个条件的处理次数，每个 Block 的大小＝实验的条件数目（自变量的水平数），在 Block 随机化中，每种条件要重复足够的次数才能将练习效应叠加掉。ABBA 设计是指第一次顺序为 A—B，第二次的顺序为 B—A；第一次所有条件出现的顺序是随机的，接下来的顺序就是相反的。Block 随机化的适用条件：当练习效应是非线性的时候，或者被试的成绩不受预期效应影响时。ABBA 设计的适用条件：当练习效应为现行的时候，每种条件的重复次数必须为偶数，通常条件数比较少（实验有两种条件）而且每种条件要重复的次数也比较少。

拉丁方方法，分为实验有偶数个条件和实验有奇数个条件两种情况。实验有偶数个条件的拉丁方：假设我们有四种实验条件：A，B，C，D，分别为 1，2，3，4，则第一行为 1，2，n，3，$n-1$，4，$n-2$，5，$n-3$，6⋯，第二行为 1，2，3，⋯，n；每一列，按顺序从小写到大，逢 n 变 1。实验有奇数种条件，要设置两个拉丁方方阵：第一个拉丁方阵的设置方法与实验有偶数个条件的设置方法相同，第二个拉丁方是第一个拉丁方的镜像。每个被试要接受两次每种实验条件的处理。用拉丁方平衡的条件：被试数目等于实验条件的倍数，每种实验条件在其他条件之前和之后出现的频率都相同。

旋转的方法：第一行顺序随机生成；以后每一行，每种条件的位置每次向左移动一个。旋转法具有简单、可以应用于四种及以上的实验条件中但同时也有每种条件总是在同样其他条件之后和之前的缺点。

除了这些方法可以平衡顺序效应外，还存在无法平衡顺序效应的情况，如非对称转换和范围效应，非对称转换是指 B 在 A 之前、之后产生的作用与 A 在 B 之后产生的作用不是正好相反。范围效应，是指被试在自变量水平范围的中间位置上完成得最好。因为在水平范围的中间部位，学习迁移的程度最高。这通常在被试内实验设计中出现，而不论此时刺激和反应是否每次都按一致的顺序呈现。

～～～～～～～～～～～～～～～～～～～～～～～～～～～

第四节　进场行为中时间线索和空间线索
在双任务范式下的加工机制

与陆基飞机着陆相比，舰载机着舰更具困难和风险性。前人研究多从飞行进场人机交互的角度展开。比如发现从"专家"飞行员和"新手"的注意力分配模式上得出："专家"飞行员获取外部信息多从综合渠道，有外部空间信息表征（目视），也有时序任务的完成进度表征（仪表),而且在两种线索的使用中,"专家"飞行员扫描速度较快且呈现自动化扫描,而"新手"飞行员扫描空间信息模式混乱、不规则,且容易被时序任务干扰;"专家"飞行员将空间线索信息和时序任务中的仪表信息加以模式化对照,更容易精准完成进场任务,使飞机平稳进近,表现出较高的飞行绩效。但舰载机进场过程时间较短,两种信息线索会交替作用于飞行员的认知系统,且每个阶段都有相应的进近指导关键点,这些关键点又将整个进场过程分割成若干节点,这样就会使每个阶段的反应时间缩短。图 8-5 呈现了舰载飞行员各关键时间段的决策流程。

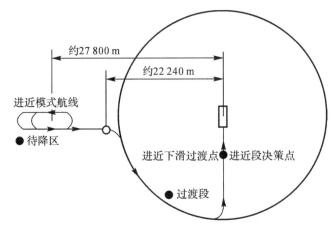

图 8-5　舰载机飞行员关键时间段的决策流程

在美军舰载机飞行进场中,根据不同的飞行环境(Ⅰ 为良好,Ⅱ 为不佳,Ⅲ 为很差),舰载机下滑-着舰采取不同的助降引导系统,广泛使用的光学助降系统是菲涅尔光学透镜助降系统,该系统提供了飞行员的主要空间线索,如图 8-6 所示。

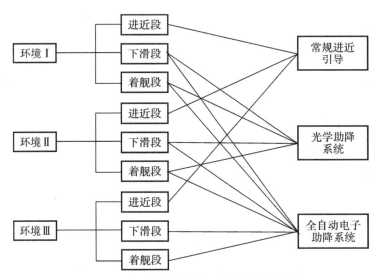

图 8-6　光学助降系统中飞行员的空间线索

然后,飞行员根据进场不同阶段交替时序线索和空间线索,完成降落。"新手"飞行员表现出较差的空间线索表征能力,主要是因为时序任务占用了较多认知资源,致使两种线索无法整合,引起错觉,导致进场失误。

第二、三节的内容支持了飞行员进场过程中,时间线索和空间线索综合作用于启动和调整的过程,但时间线索和空间线索在整体上的加工机制上的作用还不明了。这两种线索在加工中是受控加工还是自动加工? 本节通过双任务范式进行综合考察。

一、进场行为的时空双任务范式

具体来说,在进场任务中分别加入空间任务(心理旋转任务)和时间任务(时间序列探测任务),让被试反应。如果在空间任务和进场任务双任务范式下,被试的反应准确率较基线水平没有显著差异,则空间任务是自动化加工,反之为受控加工;如果在时间任务和进场任务双任务范式下,被试的反应准确率较基线水平有显著差异,则时间任务是受控加工,反之为自动化加工。

二、进场行为中时空线索在双任务范式下加工过程的模拟

(一)模拟人员及设备

常明选取 20 名右利手、身体健康、视力或矫正视力正常、无色盲或色弱现象,且均无驾驶经验的大学一年级学生,经过 45 min 的模拟飞行进场训练课程,均经过操作考核(进场成功率为 80%)后,进行进场行为中时空线索在双任务范式下加工过程的模拟实验。

本实验利用计算机程序呈现刺激。移动甲板为左下侧灰色长方体(大小、颜色与前实验相同,经预实验,被试在屏幕刺激中很好分辨,为最大限度满足外部效度,采用灰色背景,白跑道),所有情况下在距离着陆点 25 cm 处,屏幕显示进场启动开始,同时计算机发出提示声音"嘀",被试开始启动进场,进场角度为 30°,飞机质点的速度被试可以通过鼠标的左键和右键操纵(食指操作左键加速,中指操作右键减速),质点大小固定。与进场任务同时呈现白色黑边框立方体 1.9 cm³,立方体表面上呈现黑点,空间双任务中,只有被试朝向面有黑色圆点一个 1.4°×1.4°;空间双任务中,每一面均呈现(1~6 点)白色($Y=55.02$ cd/m²)、黑色($Y=1.339$cd/m²)。

实验过程所用设备由奔腾 Ⅳ 台式计算机控制,显示屏均为液晶显示器,屏幕分辨率为 1 024×768 像素,刷新频率为 70 Hz 以上。本实验程序采用 VisualC++语言编制,该语言可较好控制动态客体的运动轨迹,并可使刺激呈现和计时精度均达到毫秒级。被试位置固定,控制被试与计算机的视觉距离为 35 cm。被试数据采集采用 MATLAB 6.5 软件中滤波函数对所有被试速度数据进行低通滤波,截至频率 20 Hz。

(二)模拟操作

模拟实验采用单因素被试内设计,自变量为任务状态,即容易空间任务、困难空间任务、容易时序任务、困难时序任务和匀速运动。五种情景重复 10 次,共计 50 次实验,顺序采用拉丁方设计,在实验开始前让被试熟悉程序,准确率在 80% 以上,并且每一个被试连续成功五次后才开始正式实验。任务要求被试尽最大可能使两者相遇,并告诉被试如果多次不成功会在随后的飞行训练科目中淘汰(实际不会)。为了收集所有被试的反应倾向性,实际统计结果选取所有值。本实验空间任务和时间任务为主要任务,要求被试 100% 准确。在双任务中,由主试记录空间任务和时间任务的绩效。双任务与进场任务同时呈现,进场任务结束后,由主试提

问,答对则进行下一个单元,答错,重新完成本单元。

由于加了双任务,为了给被试充足反应时间,所以移动速度选取一挡运动速度。本实验移动甲板的运动模式在五种状态中均只有一种,即一挡匀速运动(6 cm/s)。

1.空间线索的双任务模拟

空间线索的双任务是在完成进场任务时,被试同时完成空间 3D 的心理旋转任务。心理旋转任务能够很好地检测飞行员空间认知特性。在心理旋转任务中,分为容易空间任务和困难空间任务,它们与进场任务一同呈现。初始状态都是黑点面向被试朝外,容易在空间任务中呈现一个立方体,立方体正前面涂有一个黑点,告知被试有四类运动(水平轴上的逆时针、水平轴上的顺时针、垂直轴上的向里、垂直轴上的向外)。一种类型角度(90°)旋转,旋转一次后,被试报告立方体的黑点在里、外、左、右、上、下的哪一个面;困难空间任务中,告诉被试会有连续两次四类旋转模式,即有计算机随机控制连续两次旋转,被试报告立方体的黑点在里、外、左、右、上、下的哪一个面。

2.时间线索的双任务模拟

时间线索的双任务是被试在操作进场任务时,同时在屏幕上呈现立方体,立方体朝向被试的一面上有表示不同的点数,共有 6 面。计算机随机呈现点数(1~6 点),以避免和空间任务产生不对等任务操作。由于空间任务中朝向被试面一次旋转会有四个不同方向,所以容易在时间任务中,立方体按时间先后顺序会呈现四个。同样复杂任务中先后呈现八个。最后问被试按时间先后顺序第 N 个立方体的朝向被试面上的点数是几点。

本实验在控制其他变量的条件下,探讨双任务范式下,被试的降落成功率和被试的速度选择模式。因此,本实验因变量为被试的成功率、被试控制飞机的最大速度值的平均值和达到最大速度值的时间比值(利用 MATLAB 6.5 软件收集)。

实验开始后,在不同任务中,呈现移动木块(甲板)和飞机质点(进场飞机)。移动木块从左向右运动,被试释放飞机质点,计算机自动判断相遇。如果相遇,屏幕呈现"SUCCESS",如果没有,呈现"MISS"。任务演示图如图 8-7~图 8-10 所示。

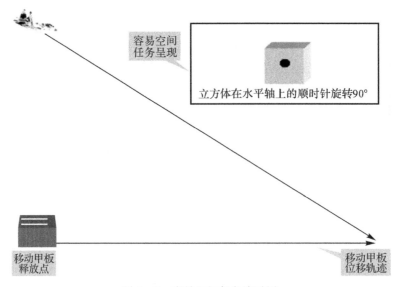

图 8-7　容易空间任务演示图

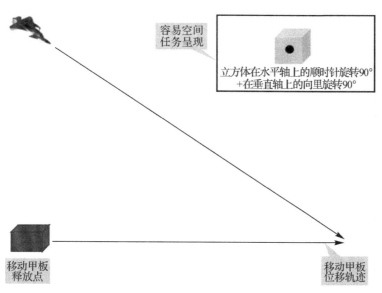

图 8-8   困难空间任务演示图

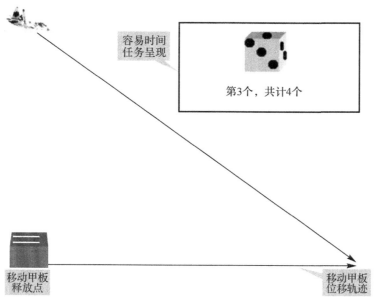

图 8-9   容易时间任务演示图

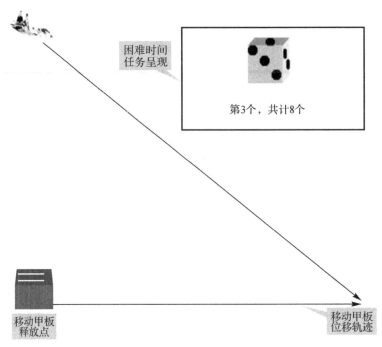

图 8-10　困难时间任务演示图

三、进场行为中时间线索和空间线索在双任务范式下的加工机制

对实验数据的处理和前几个实验均相同，采用 MATLAB 6.5 软件中滤波函数对所有被试速度数据进行低通滤波，截至频率 20 Hz，获得被试的进场成功率、最大速度平均值、最大速度的时间比例平均值。

（一）通过进场成功率看进场行为中双任务的加工机制

本实验中对被试的进场成功率的描述性统计结果见表 8-5，5 种任务状态下的进场成功率的箱型图如图 8-11 所示。

表 8-5　5 种任务下进场成功率的平均数和标准差

	参考基线速度	困难空间	容易空间	困难时间	容易时间
平均数	0.56	0.54	0.58	0.27	0.40
标准差	0.26	0.24	0.24	0.18	0.17

对上述结果进行配对组 t 检验的结果见表 8-6。在双任务范式下，时间序列任务范式下的进场成功率要明显低于空间任务范式。其中容易时间任务的双任务范式与参考基线任务的结果出现了差异显著，困难时间任务的双任务范式与参考基线任务结果之间的差异接近显著水平，其他双任务范式下的空间任务均不显著。

表 8-6 4 种任务与参考基线在成功率上的配对样本 t 检验表

配对比较		t 值	p［显著性（双侧）］
第一对	参考基线-困难空间	0.314	0.759
第二对	参考基线-容易空间	−0.177	0.863
第三对	参考基线-容易时间	2.961*	0.012
第四对	参考基线-困难时间	1.937	0.077

注：* $p < 0.05$。

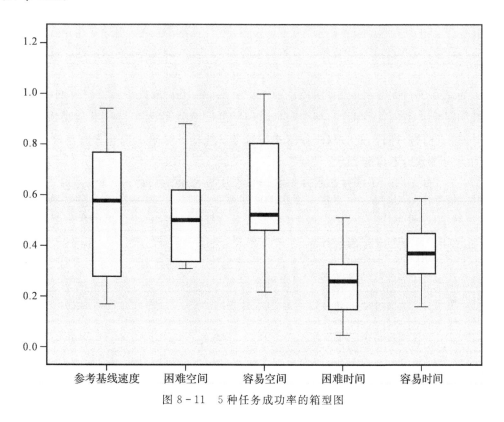

图 8-11 5 种任务成功率的箱型图

由上述结果可知，在主任务条件下，被试的进场成功率在时间任务和空间任务上受到的影响有明显差异，时间序列任务范式的成功率要明显低于空间任务范式，说明双任务范式下的时间任务确实干扰到了进场任务。而且这和前面几个实验共同证明了时间因素在全程进场行为中起作用，而空间双任务并未对进场任务起到干扰作用，这也和前面的实验共同佐证了进场任务的前期空间线索会起到作用的结论。因此可以判定，时间任务是受控加工，空间任务是自动化加工。结合飞行员的进场现状，空间线索的知觉（目视进场）虽然在认知资源上是自动化加工，但实际显示多数错觉发生在此时，失误率很高，这也说明了由于飞机进场的任务综合且异常复杂，大多数"新手"飞行员在扫描仪表时，占用了过多的认知资源，挤压了空间线索的知觉加工空间；反之，"专家"飞行员在实施进场任务时，不仅会规律地扫描仪表，更会将空间线索自动化加工，将其整合在整个进场任务决策系统中。因此实施标准的进场任务序列，辅之以相配套的空间线索知觉模式，将会有助于飞行员降低错觉率，增加进场成功率。

（二）通过最大速度看进场行为中双任务的加工机制

本实验中被试的进场最大速度的描述性统计结果见表8-7，5种任务状态下的最大速度的箱型图如图8-12所示。

表8-7　最大速度平均值和标准差

	参考基线速度	困难空间	容易空间	困难时间	容易时间
平均数	4.37	4.23	3.74	3.01	3.55
标准差	1.02	1.11	1.27	1.09	1.04

对上述结果进行配对组 t 检验的结果见表8-8。双任务范式下，时间序列任务范式的最大速度要明显低于空间任务范式，其中困难时间任务的双任务范式与参考基线任务的结果出现了显著差异，容易时间任务的双任务范式与参考基线任务结果出现显著性差异，其他双任务范式下的空间任务均不显著。

表8-8　4种任务与参考基线在最大速度的配对样本 t 检验表

	配对比较	t 值	p 显著性（双侧）
第一对	参考基线-困难空间	0.380	0.710
第二对	参考基线-容易空间	1.649	0.125
第三对	参考基线-困难时间	3.486**	0.004
第四对	参考基线-容易时间	2.369*	0.035
第五对	困难空间-容易空间	0.970	0.351
第六对	困难空间-困难时间	2.817	0.016
第七对	容易空间-容易时间	0.515	0.616
第八对	困难时间-容易时间	−1.430	0.178

注：* $p < 0.05$，** $p < 0.01$。

在最大速度的指标上，困难时间双任务与参考基线速度差异显著，容易时间任务差异接近显著，其他空间双任务均不显著。结合前面的实验我们可以得知，时间线索的知觉会使最大速度降低，本实验也提供了这方面的有力证据。当操作更困难的时间任务时，根据注意资源分配理论，被试的时间线索加工资源得到了进一步的激活，即被试操作进场任务时的"时间性质"更强，较其他双任务范式下的最大速度明显降低。联系到实际飞行员的进场行为，操作复杂的时序任务会影响飞行员实际操作过程中最大速度的释放，所以在进一步的研究中，我们要探讨时间线索影响下的时序任务的排列和如何与空间知觉线索结合形成一套人因意义上的进场程序系统。

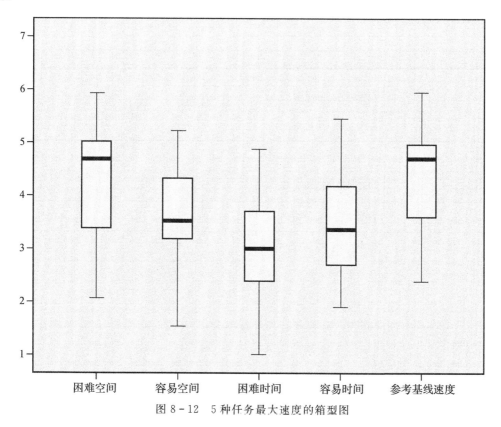

图 8 - 12　5 种任务最大速度的箱型图

(三)通过达到最大速度的时间比率值看进场行为中双任务的加工机制

本实验中，达到最大速度的时间比率值指被试操作质点时从最低速到最高速之间所花的时间占总体时间的比率。被试在五种任务状态下达到最大速度的时间比率如表 8 - 9 和图 8 - 13 所示。

表 8 - 9　最大速度的时间比率的平均数和标准差

	参考基线速度	困难空间	容易空间	困难时间	容易时间
平均数	0.70	0.65	0.67	0.51	0.59
标准差	0.11	0.13	0.09	0.14	0.13

对上述结果进行配对组 t 检验结果见表 8 - 10，在达到最大速度的时间比值上，参考基线速度与困难时间双任务结果之间出现了显著性差异，参考基线速度与容易时间双任务结果之间也出现了显著性差异，其他双任务差异均不显著。

表 8 - 10　最大速度的时间比率的参考基线与 4 种任务的配对样本 t 检验表

	配对比较	t 值	p[显著性水平(双侧)]
第一对	参考基线-困难空间	0.970	0.350
第二对	参考基线-容易空间	0.536	0.602
第三对	参考基线-容易时间	4.191***	0.001
第四对	参考基线-困难时间	2.458*	0.030
第五对	困难空间-容易空间	−0.931	0.379
第六对	困难空间-困难时间	2.314*	0.039
第七对	容易空间-容易时间	2.117	0.056
第八对	困难时间-容易时间	−1.666	0.122

注:* $p < 0.05$,*** $p < 0.001$。

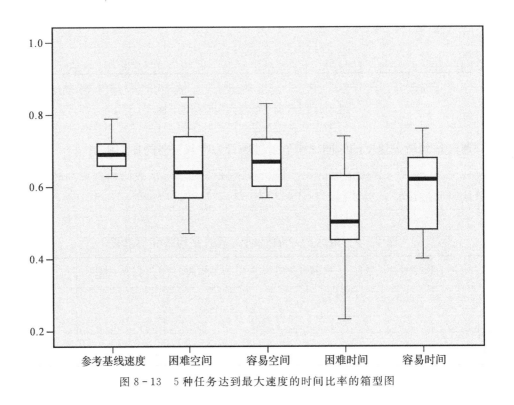

图 8 - 13　5 种任务达到最大速度的时间比率的箱型图

在达到最大速度时间比率的指标上,参考基线速度与困难时间双任务差异显著,参考基线速度与容易时间双任务差异接近显著,其他双任务差异均不显著。这也明显地支持了实验。时间线索的知觉会使被试达到最大速度的时间点推后,而空间线索刚好相反,即在实际飞行过程中单纯目视进场会使提前达到最大速度，而单纯仪表进场又会使达到最大速度的时间点延后。"专家"飞行员会采取有效的加工策略促使时序任务和空间知觉得到规律性的加工，结合自身的认知资源，做出高水平的资源整合，从而降低错觉发生率，顺利完成任务。

总的来说，进场行为中时间线索和空间线索在双任务范式下的加工机制可以概括为：空间旋转任务难度增加后对空间线索的知觉影响不大，空间线索知觉具有稳定性和连续性，而且会使最大速度的到达时间点推后，达到最大速度的峰值较高；时间序列任务难度增加后，对时间线索的知觉影响较大，会使最大速度的到达时间点提前，达到最大速度的峰值较低；进场任务中，时间线索的信息加工是受控加工，需要更多高水平认知资源的参与；空间线索的信息加工为自动化加工。

心理视窗：注意力

注意是心理活动或意识对一定对象的指向和集中。注意的指向性是指人在每一个瞬间，他的心理活动或意识选择了某个对象，而忽略了另一些对象。注意的集中性是指当心理活动或意识指向某个对象的时候，它们会在这个对象上集中起来，即全神贯注起来。集中性是心理活动或意识在一定方向上活动的强度或紧张度。心理活动或意识的强度越大，紧张度就越高，注意也就越集中。

注意可分为选择性注意、持续性注意和分配性注意三类。

选择性注意是指个体在同时呈现的两种或两种以上的刺激中选择一种进行注意，而忽略另外的刺激。目前在选择性注意机制的研究中，选择性注意的抑制机制越来越受到研究者的重视。负启动现象、返回抑制现象和注意瞬脱现象反映了选择性注意机制的特点。负启动是指当探测刺激与先前被忽略的启动刺激相同或相关时，对探测刺激的反应变慢或准确度下降。返回抑制现象是指对原先注意过的物体或位置进行反应时表现出的对目标刺激反应时变慢或正确率降低的现象。注意瞬脱是指在很短时间内（约 500 ms）序列呈现两个目标刺激时，被试对第二个目标正确报告率显著下降的现象。基本研究范式：快速系列视觉呈现（RSVP）即在同一位置以 6~20 个项目/s 的速度呈现刺激序列，要求被试辨认其中一个或多个目标。

选择性注意最经典的实验是双耳分听实验。在一项实验中，Cherry 给被试的两耳同时呈现两种材料，让被试大声追随从一个耳朵听到的材料，并检查被试从另一耳所获得的信息。前者称为追随耳，后者称为非追随耳。结果发现，被试从非追随耳得到的信息很少，能分辨是男音或是女音，并且当原来使用的英文材料改用法文或德文呈现时，或者将课文颠倒时，被试也很少能够发现。这个实验说明，从追随耳进入的信息，由于受到注意，因而得到进一步加工、处理，而从非追随耳进入的信息，由于没有受到注意，因此，没有被人们所接受。这也成了注意的单通道模型的依据。1960 年，Gray 等人在一项实验中，通过耳机给被试两耳依次分别呈现一些字母音节和数字，左耳：ob-2-tive；右耳：6-jec-9。要求被试追随一个耳朵听到的声音，并在刺激呈现之后进行报告。结果发现，被试的报告既不是 ob-2-tive 和 6-jec-9，也不是 ob-6,2-jec,tive-9，而是 objective。格雷的实验证明，来自非追随耳的部分信息仍然受到了加工。

持续性注意是指注意在一定时间内保持在某个认识的客体或活动上，也叫注意稳定性。

注意的持续性是衡量注意品质的一个重要指标。持续性注意常用警戒作业来衡量,这种作业要求被试在一段时间内,持续地完成某项工作,并用工作绩效的变化做指标。

分配性注意是指个体在同一时间对两种或两种以上的刺激进行注意,或将注意分配到不同的活动中。研究分配性注意的方法是双作业操作,即让被试同时完成两种作业,观察他们完成作业的情况。分配注意是完成复杂工作任务的重要条件。注意分配的一个基本条件,就是同时进行的几种活动的熟练程度或自动化程度。如果人们对这几种活动都比较熟悉,其中有的活动接近于自动地进行,那么注意的分配就较好;相反,如果人们对要分配注意的几种活动都不熟悉,或者这些活动都较复杂,那么分配注意就比较困难了。另外,分配注意也和同时进行的几种活动的性质有关。一般来说,把注意同时分配在几种智力活动上就难得多。葛列众等人对双作业操作的研究发现,当两种作业难度增加时,作业完成的质量和水平将会下降。说明作业难度增加后,每种作业对注意的要求将会增加,注意的分配也更困难。

注意的品质包括注意的范围、注意的稳定性、注意的分配性和注意的转移性。

注意的范围

注意的范围也称注意广度,它是指人们对于所注意的事物在一瞬间内清楚地觉察或认识的对象的数量。研究表明,在 1 s 内,一般人可以注意到 4~6 个相互间联系的字母,5~7 个相互间没有联系的数字,3~4 个相互间没有联系的几何图形。

当然,不同的人具有不同的注意广度。一般来说,孩子的注意广度要比成年人小。随着孩子的成长及不断地有意识训练,注意广度会不断得到提高。

注意的稳定性

注意的稳定性指一个人在一定时间内,比较稳定地把注意集中于某一特定的对象与活动的能力。例如当孩子在看漫画书时,可以连续 1 小时集中注意力,而不把同学的干扰放在心上。这就表明孩子看漫画时,注意的稳定性比较好。

一般来说,只要一个人的目的性明确,对活动的重要性有所认识,注意的稳定性就会比较好一些,当然,这也需要孩子有相当好的自我控制能力。事实上,具有良好的学习习惯,善于克制自己、约束自己的人,比自由散漫、难于控制和约束自己的人更容易保持稳定的注意。

注意的分配性

注意的分配是指一个人在进行多种活动时能够把注意力平均分配于活动当中。比如,孩子能够一边看书,一边记录书中的精彩语言;你能够一边炒菜,一边听新闻。

人的注意力总是有限的,不可能什么东西都关注。如果要求自己什么都注意,那最终可能什么东西都注意不到。但是,在注意的目标熟悉或不是很复杂时,却可以同时注意一个或几个目标,并且不忽略任何一个目标。能否做到这一点,还和注意力能够持续的时间有关,所以要根据自己的实际能力,逐渐培养有效注意力的能力。

虽然许多时候要进行注意力的分配,但必须分清主次,也就是说,注意力不一定是平均分配,而应该根据观察对象的多少和重要程度进行有效分配。还以孩子上课做笔记为例,在课堂上,注意的目的是听老师讲课,因此,应把大部分注意力放在听讲上,把一小部分注意力用在记笔记上就可以了。如果不分主次关系,就会既听不好课也做不好笔记。

注意的转移性

注意的转移是指一个人能够主动地、有目的地及时将注意从一个对象或者活动调整到另一个对象或者活动。注意力转移的速度是思维灵活性的体现,也是快速加工信息形成判断的基本保证。例如,在孩子看完一个有趣的片子后,让隔壁的姐姐给孩子来讲解数学的解题思路,如果孩子能迅速地把注意力从片子中转到解题当中,孩子的注意转移性就不错。

注意的分配和转移在工作中,尤其是在复杂工作中,具有非常重要的意义。据统计,飞行员在一个完整的起落航线过程中,注意的转移达 200 多次。

心理视窗:双任务范式

双任务范式的基本方法:让被试执行两个明显不同的任务,然后研究者来评估这两个任务间相互影响的程度。通过使任务相互竞争来揭示注意的特性。

心理视窗:心理旋转

个体在空间中保持和操作二维或三维物体的过程,称为心理旋转(mental rotation)。根据旋转参考系的不同,心理旋转被分为客体表征和主体表征两种类型,前者是被试以第三人称的视角表象空间中的物体进行旋转操作(如回想军训时教官演示的向左转动作),而后者是被试以第一人称的视角想象自己在空间中进行转换的过程(如想象自己进行向左转动作)。此外,从信息加工的角度,心理旋转被分为三个在时间上依次发生的加工阶段,分别是感知阶段、旋转阶段和决定阶段,研究认为感知和决定阶段与个体对刺激的加工和反应判断相关,而旋转阶段与个体对心理表征的旋转操作能力相关。相关电生理研究提示,不同时程的 ERP 成分可能说明了不同阶段的能力水平。空间能力是生活中不可缺少的能力,以心理旋转为代表的空间能力被认为是在科学、技术、工程和计算领域(Science, Technology, Engineering and Mathematics, STEM)获得成就的关键影响因素,而经典的空间能力测试——Shepard - Metzler 心理旋转测试也被《最强大脑》纳入空间能力的测试题目。那么,心理旋转能力是如何获得的?研究发现,它与个体的活动参与经验相关,学习、工作以及日常活动参与行为都会带来影响。针对不同工作领域的研究表明,外科医生、飞行员、牙医、工程师、电子游戏者、运动员等都表现出优于常人的心理旋转能力。究其原因,研究者认为是这些职业包含了复杂的空间操作活动。举例而言,飞行员需要在改变飞行轨迹的同时保持对目标方位的警觉,而运动员的大部分动作技术都需要通过空间方位的改变来完成。作为空间能力的重要组成部分,心理旋转在运动情境中的实现经常伴随着时间的要求。具身理论认为,时间信息是影响认知功能具身化的重要方面,由于体育运动需要个体具有针对情境的迅速变化而不断更新策略的能力,因而需要运动员建立在真实时间下的更加复杂的情境性认知能力。这一主张说明运动员的心理旋转能力可能通过“时间具身”的方式获得其优势。研究证实,时间压力是影响运动员表象准确性的重要因素,而时间压力是影响动作表象和动作执行的时间是否相等的因素之一。针对普通人群的研究发现,在时间压力下被试的心理旋转成绩下降,然而现有研究结果还未能提供时间压力影响运动员相关绩效的证据。因此,聚焦运动员在不同时间条件下的心理旋转表现,观察他们在不同表征方式下的心理旋转的阶段绩效,或许能够为时间具身效应的观点提供新的思考。

心理旋转又称表象旋转(Image rotation),是个体在空间中保持和操作物体进行旋转的能力。在日常生活中,我们经常会遇到这样的情景:看到一幅倾斜或倒置图像,会在心里想象图像旋转多少度后恢复正立。相反地,一些人则能够快速地辨认图像内容,这与其良好的个体心理旋转能力有关。正因如此,心理旋转不仅是心理表象研究的实验范式,也是空间能力的重要组成部分。空间能力是理解物体不同位置的空间关系,以及想象二维或三维运动物体的能力。对于空间能力的构成,Lohman 将空间能力分为空间关系、空间定向、空间视觉化以及空间转换,Linn,Petersen 和 Voyer 等人认为它包括空间感知、空间视觉化和心理旋转,而 Kozhevnikov 和 Hegarty 则认为它由空间控制能力(以心理旋转能力为代表)和空间定位能力组成。可以看出尽管空间能力的分类尚无定论,但心理旋转的重要性得到了普遍认同,因而常被用于代表空间能力,或是与空间视觉化能力等同。

一个人的心理旋转能力高低,通常依据其在心理旋转测试(Mental rotation test)中的反应时和正确率来判断。Shepard 和 Metzler 最早在 20 世纪 70 年代开始了心理旋转能力的测试,他们在电脑上向被试呈现一对由方块组成的手柄状三维图形,这两个图形是经过 $0° \sim 180°$ 旋转后的相同或镜像图形,被试需要判断两图是否相同。被试需要分别拉动右侧或左侧的控制感来进行"相同"或"不同"的判断。研究者通过分析被试进行 1 600 对图形判断的结果,发现反应时和旋转角度存在线性关系,即随着旋转角度的增加,被试做出判断的时间也增加。因此,Shepard 和 Metzler 认为心理旋转是一种"类比"的过程,即被试通过在头脑中操作图形来做出相应判断。这一里程碑式的研究结果发表于 *Science*,研究者使用的手柄状三维图形也被作为心理旋转的经典测试材料——S-M 方块。在当前研究中,对心理旋转能力的考察包括心理测量的纸笔测试(Paper - and - pencil tests)和电脑计时测试(Chronometric tests)两种方式。在纸笔测试中,被试需要在时限内进行多选形式的判断。以 Vandenberg 和 Kuse 的心理旋转测试为例,研究者向被试呈现 24 道题,每道题包括一个参考图形和四个备选图形,被试需要从四个备选图形中选出两个与参考图形相同只是进行了旋转变换的正确图形。每选对一个得 1 分,共 24 分,要求 6 min 内完成。这个测试简便易行,但研究者只能通过测试得分来衡量被试的心理旋转能力。此外,多数研究使用电脑计时测试,要求被试比较在电脑屏幕中呈现的刺激并进行快而准确的判断,研究者通过记录被试判断的反应时和正确率进行心理旋转能力的考察。

心理视窗：认知资源

在日常生活中,大家经常需要同时完成两项或两项以上的任务,比如在机场塔台,管制员一边对某架飞机发出指令,一边要关注其他飞机的动向。这时个体需要应对多种信号,给出及时的应答,而认知资源便是这个个体一系列应答的供给。认知资源是指在限定的时间内完成一定的认知任务所能够利用的有限的过程、技巧、认知结构或资料库。Kahneman 于 1973 年在《注意与努力》一书中提出人类的加工信息的资源是有限的,同时还具有可分性、变通性和功效性。该理论认为资源投入的多少与信息加工的绩效成正比。Kahneman 认为只要进行信息加工，就会利用资源；任务难度的递增，所需的资源也同步递增；只要在其有限的容量内，认知任务的完成度便不会下降，可以视作一种无差异的加工；同时虽然资源的容量有限，但也是时刻变化的，人们有时会"应激"或"觉醒"，此时认知资源的总量会有所增加。对于信息的注意，认知资源（Cognitive Resource）理论把注意看成一组对刺激进行归类和识别的认知资源或能力。对刺激的识别需要占用认知资源，当刺激越复杂或者加工任务越复杂时，占用的认知资源就越多。认知资源是有限的，当认知资源完全被占用时，新的刺激将得不到加工（未被注意）。该理论还假设，在认知系统内有一个机制负责资源的分配，这一机制可以受人们的控制，把认知资源分配到重要的刺激上。

第九章   线索任务对飞行黑洞错觉的影响

　　根据第八章的研究结果,黑洞错觉的发生及错觉量与被试知觉空间线索和时间线索有密切关系。空间旋转任务难度增加后对空间线索的知觉影响不大。空间线索知觉具有稳定性和连续性,而且会使最大速度的到达时间点推后,到达最大速度的峰值较高。时间序列任务难度增加后对时间线索的知觉影响较大,会使最大速度的到达时间点提前,达到最大速度的峰值较低。进场任务中,时间线索的信息加工是受控加工,需要更多高水平认知资源的参与;空间线索的信息加工是自动化加工。这些研究结果将直接影响飞行环境中飞行员驾驶任务过程中人因失误及不安全行为的出现,对航空安全产生重要影响。

　　本章在上述假设基础上,提出空间线索和时间线索可能会对黑洞错觉量产生影响,而且这些影响所产生的影响和方式会有所不同。即时间线索可能作用于进场全程的判断,至少在早期的速度选择中产生极其重要的作用;空间线索作用于进场早期的判断。也就是说,在进场过程中,时间线索在早期阶段对被试者的黑洞错觉具有降低效应,而在晚期阶段空间线索对黑洞错觉将具有降低效应。另外,在进场任务中,时间线索的信息加工是受控加工,需要更多高水平认知资源的参与;空间线索的信息加工是自动化加工。在进场过程中,时间线索在低资源要求条件下对被试者的黑洞错觉具有降低效应,而在高资源条件下空间线索对被试者的黑洞错觉具有降低效应。

　　然而,这些结果都是基于行为实验研究基础的。那么,在系统仿真条件下这些问题能否得到验证呢? 尽管以行为实验为基础的实验室研究对黑洞错觉进行了大量研究,但这些研究无法准确地捕捉到实验室以外的关键环节,受外部效度和生态效度的局限,很难直接应用于实际工作情境中。因此,本章试图在飞行模拟环境下,系统考察进场方式和进场阶段对黑洞错觉量的影响及两者的交互效应,以及飞行员认知负荷与进场规则对黑洞错觉的影响及两者的交互效应。

第一节   不同进场高度下线索任务对飞行进场黑洞错觉的影响

　　第八章第二节的研究结果表明,时间线索可能作用于进场全程的判断(至少在早期的速度选择中有重要作用);第八章第三节的研究发现空间线索作用于进场早期的判断,那么,这意味着在进场过程中,时间线索在早期阶段对被试者的飞行进场黑洞错觉量具有降低效应,而在晚期阶段空间线索对飞行进场黑洞错觉量具有降低效应。然而,对这种行为实验研究的结论是否可靠呢? 在系统仿真条件下能否得到支持呢? 因此,本节的主要目的在于考察飞行模拟环境下,进场阶段和线索任务对飞行进场黑洞错觉量的影响。同时,探讨进场阶段与线索任务的交互效应,从而来验证实第八章第二、三节的结果在飞行模拟条件下是否可靠。

一、不同进场高度下线索任务的模拟

(一)模拟人员及设备

常明选取了 40 名右利手,身体健康,视力或矫正视力正常,无色盲或色弱现象,且均为无驾驶经验的大学一年级学生。经过 45 min 的模拟飞行训练课程,有 24 名被试通过操作考核(进场成功率达到 80%)后,对不同进场高度下线索任务进行模拟,考察不同进场高度下线索任务对飞行进场黑洞错觉的影响。

本模拟实验采用 Laminar Research 公司开发的 X-Plane V9.0 飞行模拟软件模拟的美国空军 F-16 单发单座轻型战斗机。

硬件采用奔腾酷睿 I5 双核 CPU 的台式计算机控制,显示屏均为液晶显示器,屏幕分辨率为 1 024×768 像素,刷新频率为 70 Hz 以上。飞行摇杆采用 Logitech Attack 3,为了减少摇杆在操作时的侧向抖动,固定了侧向移动(x 轴),即被试仅有俯仰操作(y 轴),横向固定与机场跑道对准位置,因此被试只需要操作摇杆使飞机能够以 3°角度进场。本实验中,所有驾驶操作均由操作计算机上的鼠标和键盘实现。

(二)模拟操作

首先进行实验单因素组间设计。自变量为线索任务方式,包括四个水平,即时间线索任务＋时间线索任务、时间线索任务＋空间线索任务、空间线索任务＋空间线索任务、空间线索任务＋时间线索任务。

1.线索任务模拟

自变量在飞行情境实验中操纵如下:首先,线索任务通过进场方式来操纵,即时间线索任务通过仪表飞行规则(Instrument Flight Rules,IFR)方式进近来操纵,而空间线索通过目视飞行规则(Visual Flight Rules,VFR)方式进近来操纵。其次,本实验设置了一架双美国空军 F-16 单发单座轻型战斗机,飞机是在 6 km 处开始进场,共需 8 min 左右时间,根据飞机进场的花费的时间可以划分为两个阶段,即进场早期阶段(总进场的前 4 min 进程)和进场晚期阶段(总进场的后 4 min 进程)。最后,根据实验目的及假设,将自变量操纵为上述四个水平。例如,水平 1(时间线索任务＋时间线索任务)就是要求被试者在进场全程采用仪表飞行规则(IFR)进场;水平 2(时间线索任务＋空间线索任务)则要求被试采用仪表飞行规则(IFR)进场,4 min 后,改用目视飞行规则(VFR)进场并持续到飞机着陆;水平 3(空间线索任务＋空间线索任务)要求被试者在进场全程采用目视飞行规则(VFR)进场;水平 4(空间线索任务＋时间线索任务)则要求被试采用目视飞行规则(VFR)进场,4 min 后,改用目视飞行规则(IFR)进场并持续到飞机着陆。将 24 名被试随机分为四组,每组 6 人,每组被试接受一种实验处理。

具体模拟操作过程如下:首先,在为被试说明实验目的及指导语后,实验者要求被试复述以确保他们能正确理解实验操作。然后,指导被试进行 45 min 没有实验任务的飞行模拟操作练习,目的在于让他们熟练键盘、鼠标及飞行模拟软件的相关操作。最后,正式实验开始后,计算机显示开始,并伴有"嘀"声提醒,每一被试在仪表的指示下,飞行到进场角度为 3°的位置,即 6 km 处,此时进入统计数据的采集,此后被试只需要做俯仰飞行,即拉高或降低,速度统一保持在 125 kn(64 m/s 或 211ft/s),每单元(试次)历时 135 s。要求四组被试根据实验要求操纵飞机,同时要求 VFR+IFR 组和 IFR+VFR 组被试特别注意,在实验进行过程中,出现"警报"铃声(由实验者在被试飞行操作进行到 4 min 后立即打开铃声)后,要求被试立即切换飞机进场方式,如"警报"之前采用目视飞行规则(VFR),那么当他们听到"警报"后立即改用仪表飞行规则(IFR),一直到操纵飞机安全着陆为止。

2.进场黑洞错觉测量的指标

对飞行进场黑洞错觉量,采用进场高度偏差值,即操作进场的精度和偏离数据,来描述被试在进场时接近 3°下滑角的准确程度。偏离数据指滑行路径偏差,即相对于期望的 3°下滑角路径的偏离值(即高于或低于 3°)。进场位置由飞机距离跑道起始识别距离阈限,用当时所在高度来和期望角度的相对距离来计算,如高度 244 m(800 ft),距进场跑道起点识别阈限 3.7 km(12 152 ft)可以换算成为距理想进场高度+48 m(+163 ft)。

进场过程中,每 0.99 s 收集一次实验数据精度,实验数据的收集开始于被试距离跑道为 9.3 km,直到进场结束,成功落地。因为在预实验中,距机场跑道起点识别阈限 0.9 km 处之前的数据离散性太大,应予以剔除,而且在 8.3 km 之前的距离需要被试熟悉环境和操作,所以只有距机场跑道 8.3 km 处到距机场跑道起点识别阈限 0.9 km 处之间的数据才能进入统计分析。

二、线索任务对飞行进场黑洞错觉的影响

表 9-1 提供了被试进场过程中,在不同线索任务方式条件下,被试进场高度精度偏差的平均数和标准差。方差分析表明,线索任务方式对进场高度精度偏差的主效应显著,表明线索任务方式对飞行进场黑洞错觉量产生了显著影响,说明不同的线索任务方式之间的进场黑洞错觉量出现了显著性差异。

表 9-1 不同线索任务方式下被试的进场高度精度偏差值 单位:m

实验条件	进场高度精度偏差的绝对值	
	平均值($\bar{X}$)	标准差(SD)
仪表飞行规则(IFR)+仪表飞行规则(IFR)	23.84	2.11
目视飞行规则(VFR)+目视飞行规则(VFR)	26.31	2.04
仪表飞行规则(IFR)+目视飞行规则(VFR)	19.80	1.08
目视飞行规则(VFR)+仪表飞行规则(IFR)	20.56	2.17

采用 LSD 进行事后检验,结果见表 9-2。由表可知,进场方式为全程仪表飞行规则(IFR)和全程目视飞行规则(VFR)的飞行进场黑洞错觉量出现显著差异,即全程目视飞行规则(VFR)条件下的进场黑洞错觉量要显著地高于全程仪表飞行规则(IFR)。进场方式为全程仪表飞行规则(IFR)与仪表飞行规则(IFR)+目视飞行规则(VFR)的进场黑洞错觉量出现显著差异,即全程仪表飞行规则(VFR)的进场黑洞错觉量要显著地高于仪表飞行规则(IFR)+

目视飞行规则(VFR)。进场方式为全程仪表飞行规则(IFR)与目视飞行规则(VFR)＋仪表飞行规则(IFR)的进场黑洞错觉量出现显著差异,即目视飞行规则(VFR)＋仪表飞行规则(IFR)的进场黑洞错觉量要显著地高于仪表飞行规则(IFR)。进场方式为全程目视飞行规则(VFR)与仪表飞行规则(IFR)＋目视飞行规则(VFR)的进场黑洞错觉量出现显著差异,即全程目视飞行规则(VFR)的进场黑洞错觉量要显著地高于仪表飞行规则(IFR)＋目视飞行规则(VFR)的进场黑洞错觉量。

表 9-2　不同线索任务方式下被试进场高度精度偏差值的多重比较结果

(I)方法 (J)方法		平均差	t 值	p	95％显著性水平	
					最小值	最大值
1	2	-1.32*	-2.47	0.004	-0.54	3.18
	3	4.04*	2.89	0.003	0.76	6.11
	4	-5.27*	-4.11	0.002	-24.08	-5.69
2	1	1.32	2.47	0.004	-3.18	0.54
	3	3.97*	3.02	0.003	1.05	8.12
	4	-0.98	-1.11	0.016	-7.59	2.94
3	1	-4.04*	-2.89	0.003	-6.11	-0.76
	2	-3.97*	-3.02	0.004	-8.12	1.05
	4	-1.06	-0.72	0.019	-0.23	3.01
4	1	5.27*	4.11	0.002	5.69	24.08
	2	0.98	1.11	0.016	-2.94	7.59
	3	1.06	0.72	0.019	0.23	3.01

注:(1) * 表示 $p < 0.05$。

(2)1 表示"仪表飞行规则(IFR)＋目视飞行规则(VFR)",2 表示"目视飞行规则(VFR)＋目视飞行规则(VFR)",3 表示"仪表飞行规则(IFR)＋目视飞行规则(VFR)",4 表示"目视飞行规则(VFR)＋仪表飞行规则(IFR)"。

本节通过飞行模拟实验,检验了线索任务方式以及进场阶段对飞行进场黑洞错觉量的影响。结果发现,线索任务方式显著地影响了被试的进场黑洞错觉量:全程仪表飞行规则(IFR)条件下的进场黑洞错觉量要显著地低于全程目视飞行规则(VFR),仪表飞行规则(IFR)＋目视飞行规则(VFR)的进场黑洞错觉量要显著地低于全程仪表飞行规则(VFR)。仪表飞行规则(IFR)＋目视飞行规则(VFR)的进场黑洞错觉量要显著地低于全程目视飞行规则(VFR),全程仪表飞行规则(IFR)的进场黑洞错觉量要显著地低于目视飞行规则(VFR)＋仪表飞行规则(IFR),全程仪表飞行规则(IFR)的进场黑洞错觉量要显著地低于目视飞行规则(VFR)＋仪表飞行规则(IFR)。

进场是飞机下降时对准跑道飞行的过程,这一阶段要使飞机调整高度,对准跑道,从而避开地面障碍物,飞行员必须要把注意力高度集中才能准确操作,应按照严格的标准和操作规程进行,同时飞行员也容易因为错觉和空间定向障碍等认知因素发生各种失误或不安全行为。因此,采用仪表着陆系统来减轻飞行员的操纵负荷,提高飞行的安全性是必须进行的。而且由于天气的能见度的问题,可以说这种系统对航班运输的经济性安全性也至关重要。

首先,本实验结果显示,全程仪表飞行规则(IFR)条件下的进场黑洞错觉量要显著地低于全程目视飞行规则(VFR)。这说明总体上在飞机进场过程中,采用仪表飞行规则的进场方式要比目视飞行规则的方式在降低进场黑洞错觉量方面上具有优势。这一结果既验证了本节中实验四的研究结果,又在一定程度上支持了以往有关"飞机自动化方式可以降低飞行员的认知负荷以及人因失误发生率"的理论观点。这其中的主要原因可能是时间线索的信息加工是受控加工,需要更多高水平认知资源的参与,仪表飞行规则(IFR)需要大量的认知监控和信息加工能力。而对空间线索进行信息加工时呈现自动化加工,即目视飞行规则(VFR)更加注重线索收集的自动化形式。

其次,仪表飞行规则(IFR)+目视飞行规则(VFR)的进场黑洞错觉量要显著地低于全程目视飞行规则(VFR),这表明在飞机进场的早期阶段,采用 IFR 能够有效地降低被试的总体错觉量。同时,研究结果还显示,全程仪表飞行规则(IFR)的进场黑洞错觉量要显著地低于目视飞行规则(VFR)+仪表飞行规则(IFR),这再次表明在飞机进场的早期阶段,采用 IFR 能够有效地降低被试的总体错觉量。同时,仪表飞行规则(IFR)+目视飞行规则(VFR)的进场黑洞错觉量要显著地低于全程仪表飞行规则(IFR),这表明在飞机进场的晚期阶段,由之前采用的 IFR 改为 VFR,能够有效地降低被试者的进场黑洞错觉量。

因此,综合上述结果,通过本实验发现,在飞机进场的早期阶段采用 IFR 而在晚期阶段采用 VFR 能够有效地降低飞行进场中的错觉量。这一结果一方面证实了本节实验四和实验五中得到的结果在飞行模拟环境下依然可靠,另一方面也支持了 Moray 对"飞行进近程序中习惯于采用目视飞行规则"的解释。此外,这一结论还启发我们,在真实的飞行环境中,为了减少进场黑洞错觉量,如果在飞机进场早期阶段飞行员适宜启用仪表飞行规则来进近,而在飞机进场的晚期阶段,飞行员应更多地采用目视飞行规则进近。

总的来说,线索任务方式对飞行进场黑洞错觉量影响显著,即飞机进场过程中采用仪表飞行规则(IFR)和目视飞行规则(VFR)将对进场黑洞错觉量产生不同影响;在飞机进场早期阶段采用仪表飞行规则(IFR)有助于降低进场黑洞错觉量,而在飞机进场晚期阶段采用目视飞行规则更有助于减少飞行员的进场黑洞错觉量。

~~~~~~~~~~~~~~~~~~~~~~~~~~~~~~~~~~~~~~

人因视窗:人因失误

空中交通管制员的工作是通过使用通信、导航、监视等设备来控制航空器,防止航空器与航空器以及其他障碍物相撞,是保证民航安全最重要的一环。而我国机场吞吐量的迅猛发展,给民航保障单位带来了严峻的挑战。虽然随着科学技术的增加,工作中使用的硬件设备的精度越来越高,但由人因失误因素引起的不安全事件的比例也持续增长。而当今世界 70% ~ 80% 的飞行事故与人为因素密切相关,因此对空管工作中人为失误因素必须进行加以重视,对造成人因失误的影响因素必须进行深入的分析。

影响管制员人因失误的因素主要有四个方面,即人的因素、设备因素、环境因素和管理因素。

1. 人的因素

造成管制员人因失误的人的因素有管制员的心理、生理因素以及个体特征三个方面。其中管制员的心理因素包括情绪状态和心理素质等。具有良好心理素质的管制员在应对特情等突发状况时，能够进行冷静的处理和判断，而具有不良心理素质的管制员，难以应对进而造成不安全事件的发生。其中的生理因素主要包括个体机能、认知能力以及机体承载能力，而当管制员的身体长时间处于超负荷运行状态时，由管制员人的因素造成的不安全事件的发生概率将会大大增加。管制员的个体特征因素包括工作经验、工作能力以及文化程度等。

2. 设备因素

空中交通管制员进行管制工作，需要借助通信、导航以及监视等设备来完成。这些设备的可靠程度将对管制员工作带来非常大的影响，比如在管制员与机长进行地空通话时，如果其使用的话筒发生卡阻现象则会对其管制工作带来很大的困扰，进而影响飞行安全。

3. 环境因素

环境因素分为外部环境和管制室内微环境。外部环境包括空域环境的复杂程度以及飞行流量的大小。微环境则包括灯光、温度和湿度。如果管制人员所处的工作环境没有适宜的温度、湿度以及良好的灯光环境甚至其工作环境条件很差，则会加速管制员的疲劳（包括生理以及心理）进程，进而造成管制人员的人为失误。

4. 管理因素

空中交通管制员的管理因素包括现场的管理与监督、管制局的规章制度以及人际关系等。如果对一线管制员监督管理不够严格，那么就会造成管制人员的懈怠心理，诱发人因失误。

第二节　不同资源要求条件下线索任务对进场黑洞错觉的影响

第八章第四节的分析结果表明，进场任务中，时间线索的信息加工是受控加工，需要更多高水平认知资源的参与；空间线索的信息加工是自动化加工。也就是说，在进场过程中，时间线索在低资源要求条件对被试者的飞行错觉具有降低效应，而在高资源条件下空间线索对被试者的飞行错觉具有降低效应。然而，这种行为实验研究的结论是否可靠呢？在系统仿真条件下能否得到支持呢？本节的主要目的在于考察在模拟飞行环境下，资源要求和线索任务对飞行进场黑洞错觉量的影响。同时，探讨资源要求与线索任务的交互效应，从而在飞行模拟条件下验证第八章第四节的研究结果。

一、不同资源要求下线索任务的模拟

（一）模拟人员及设备

常明选取 20 名右利手，身体健康，视力或矫正视力正常，无色盲或色弱现象，且均为无驾驶经验的大学一年级学生。经过 45 min 的模拟飞行训练课程，均经过操作考核（进场成功率为 80%）后进行线索任务的模拟实验。但在实际实验中，4 名被试反应时偏长而出现了疲劳效应和倾向性反应，导致无法进入统计数据，因此将剔除，实际进入统计的为 16 名。

实验采用 Laminar Research 公司开发的 X - Plane V9.7 飞行模拟软件模拟的美国空军

F-16单发单座轻型战斗机,与第一节中实验相同。

硬件采用奔腾酷睿I5双核CPU的台式计算机控制,显示屏均为液晶显示器,屏幕分辨率为1 024×768像素,刷新频率为70 Hz以上。飞行摇杆采用Logitech Attack 3,为了减少摇杆在操作时的侧向抖动,固定了侧向移动(x 轴),即被试仅有俯仰操作(y 轴),横向固定与机场跑道对准位置,因此被试只需要操作摇杆使飞机能够以3°角度进场即可。本实验中,所有驾驶操作均由操作计算机上的鼠标和键盘实现。

(二)模拟操作

实验采用2×2的两因素混合设计。被试间变量为资源要求,包括两个水平:低资源要求和高资源要求。被试内变量为线索任务,包括两个水平:时间线索任务和空间线索任务。因变量为飞行错觉量,即进场高度精度指标。本实验中,将16位大学生被试随机分为高资源要求和低资源要求两个组,每组8人,每人接受2种处理。为了减少疲劳效应,实验者将2种处理分1天完成,被试上午和下午各完成1个实验处理。同时,为了平衡顺序效应,对2种处理采用拉丁方排序。

具体操作过程如下:首先,为被试说明实验目的及指导语后,实验者要求被试复述以确保他们能正确理解实验操作;然后,指导被试进行45 min的没有实验任务的飞行模拟操作练习,目的在于让他们熟练键盘、鼠标及飞行模拟软件的相关操作。最后,正式实验开始后,要两组被试根据各组的实验要求操纵飞机,每组被试在各自的实验条件下(资源要求)进行两次飞行操作实验:一次全程进场采用目视飞行规则(VFR),另一次全程采用仪表飞行规则(IFR)进场。

飞行情境与第一节的实验相同,在本实验中对各研究变量的操纵如下。

1. 资源要求

按照视觉资源要求、手动资源要求和心理资源要求来建立和评价情境,每个情境接收一个总的资源要求评估。因此,本实验将资源要求变量设置为驾驶舱仪表信息的呈现方式。在高资源要求条件下(见图9-1左图),仪表信息的呈现方式要求更高的视觉资源要求(从模拟的视觉显示器上获取必要信息),需要更高的手动资源要求(操纵模拟控制)和更高的心理资源要求(认识理解、记住、计算和决定);而在低资源要求条件下(见图9-1右图),仪表信息的呈现方式需要较低的视觉资源要求、手动资源要求和心理资源要求,被试只需要通过"透视镜"集中地将监控飞机状态和浏览系统参数,不需要对每个具体的仪表信息进行仔细核对。

图9-1 自动化高资源要求(左)和低资源要求(右)呈现方式

2. 线索任务的模拟

本实验中,时间线索任务通过仪表飞行规则(IFR)方式进近来操纵,空间线索通过目视飞行规则(VFR)方式进近来操纵。仪表飞行(IFR)是飞行员按飞机上仪表的指示操纵飞机,判断飞机状态,测定飞机位置的飞行。目视飞行(VFR)方式是指飞行员依靠观察机舱外的环境而得到目视参照进行的飞行,能见度需高于目视气象状态,飞行员可自己判断,选择理想的飞行高度。

3. 进场错觉量的测量指标

飞行进场黑洞错觉量,即进场高度偏差值,也是操作进场的精度和偏离数据,它用来描述被试进场时接近3°下滑角的准确程度。偏离数据指滑行路径偏差,即相对于期望的3°下滑角路径的偏离值(即高于或低于3°)。进场位置由飞机距离跑道起始识别阈限距离,用当时所在高度与期望角度的相对距离来计算,如高度244 m(800 ft),距进场跑道起点识别阈限3.7 km(12 152 ft),可以换算成为距理想进场高度+48 m(+163 ft)。

进场过程中,每0.99 s收集一次实验数据精度,实验数据的收集开始于被试距离跑道为9.3 km,直到进场结束,成功落地。因为在预实验中,距机场跑道起点识别阈限0.9 km处之前的数据离散性太大,应予以剔除,而且在8.3 km之前的距离需要被试熟悉环境和操作,所以只将距机场跑道8.3 km处到距机场跑道起点识别阈限0.9 km处之间的数据进入统计分析。

二、不同资源要求条件下线索任务对进场黑洞错觉的影响

表9-3提供了飞行员进场过程中,不同线索任务和资源要求条件下被试的进场高度精度偏差值的平均值和标准差。重复测量方差分析结果表明,资源要求对进场高度精度偏差的主效应显著;线索任务对进场高度精度偏差的主效应显著,这表明线索任务因素对飞行进场黑洞错觉量产生显著影响,时间线索的飞行错觉量显著地高于空间线索的飞行进场黑洞错觉量;线索任务和资源要求的交互作用显著,这表明线索任务对进场高度精度偏差的影响程度还取决于不同的资源要求。

表9-3　不同资源要求和线索任务条件下被试的进场高度精度偏差值　单位:m

实验条件	低资源要求($n=8$)		高资源要求	
	平均值($\bar{X}$)	标准差(SD)	平均数($\bar{X}$)	标准差(SD)
仪表飞行规则(IFR)	6.97	0.76	29.85	2.15
目视飞行规则(VFR)	17.25	2.01	20.89	1.74

进一步的简单效应分析表明,在低资源要求条件下,仪表飞行规则(IFR)和目视飞行规则(VFR)对进场高度精度偏差的影响出现了显著性差异,这表明仪表飞行规则(IFR)在低资源要求条件下的飞行进场黑洞错觉量要显著地低于目视飞行规则(VFR)的飞行进场黑洞错觉量。在高资源要求条件下,仪表飞行规则(IFR)的高度偏差与目视飞行规则(VFR)的进场高度偏差值出现显著性差异,这表明在高资源要求条件下仪表飞行规则(IFR)的飞行进场黑洞错觉量要显著地高于目视飞行规则(VFR)。

本章通过飞行模拟实验,检验了线索任务和资源要求对飞行进场黑洞错觉量的影响。结果发现,进场方式(线索任务)显著地影响了被试者的飞行进场黑洞错觉量;资源要求显著地影响了被试者的飞行进场黑洞错觉量;同时,线索任务和资源要求对飞行进场黑洞错觉量影响的交互效应显著,这表明线索任务对飞行进场黑洞错觉量的影响效应还与资源要求有关。

首先,飞行过程中飞行员需要在短时间内处理大量信息并快速做出反应与决策,容易出现较高的认知负荷,从而严重影响飞行员的工作效率和操作可靠性,影响整个人机系统的效率和可靠性。因此,认知负荷已经成为飞行安全评价的一个重要指标。本章第二节的结果表明,资源要求对飞行进场高度精度偏差值影响的主效应都显著,说明资源要求对飞行进场黑洞错觉量产生了显著影响,与低资源要求条件相比,高资源要求增加了被试者的飞行错觉量。Raby和Wickens调查了认知负荷对飞行员驾驶舱任务管理(CTM)失误的影响,发现当认知负荷增加时飞行员的中断管理绩效下降。因此,本实验的这一结果不仅支持了Raby和Wickens的研究结论,而且在一定程度上验证了Suroteguh和Funk有关"较高的认知负荷可能导致飞行员的人因失误"的理论观点。另外,这一结果也能部分地解释不同飞行阶段的失误率出现差异的事故调查结论。Helmreich发现,在所有飞行阶段中,进场/着陆阶段的失误发生率最高,从而引发了事故或事故征候的概率。这一方面可能是飞行员在短时间内处理的多个同时性任务,使得他们的心理资源受到极大挑战,很难满足众多同时性任务的竞争要求;另一方面,飞行员在进场/着陆阶段的任务最为复杂多变,除气象、地形等条件外,还必须对下降速度、飞行高度、倾斜角度以及地标、跑道等状况的变化在短时间内做出反应,这在很大程度上增加了飞行员的认知负荷,使得他们工作效率下降,发生失误。

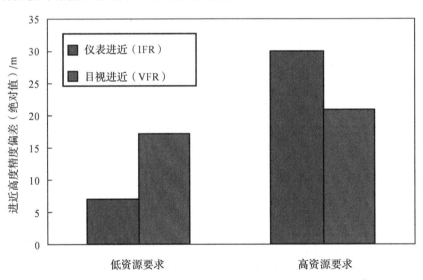

图9-2 资源要求与线索任务对进场高度精度偏差影响的交互作用

其次,第八章第二、三节在行为实验范式下的结果表明,时间线索的知觉会使最大速度降低。根据注意资源分配理论,当操作更困难的时间任务时,被试的时间线索加工资源得到了进一步的激活,即被试操作进场任务时"时间性质"更强,相对而言,较其他双任务范式下的最大速度明显降低。本章在飞行模拟条件下的结果表明,线索任务对进场高度精度偏差的影响程度还取决于不同的资源要求,在低资源要求条件下,仪表飞行规则(IFR)的飞行进场黑洞错觉量要显著地低于目视飞行规则(VFR)的飞行进场黑洞错觉量;在高资源要求条件下,仪表飞行规则(IFR)的飞行进场黑洞错觉量要显著地高于目视飞行规则(VFR)。这主要是由于在低资源要求条件下,相对于目视飞行规则(VFR),仪表飞行规则(IFR)方式中的被试者需要的注意和认知资源较少(很少有其他认知活动与监控仪表活动去竞争资源),有足够时间和精力去监控仪表飞行规则(IFR)中的各种飞行参数信息,这就使得他们发生失误的可能性降低,从而减少了飞行进场黑洞错觉量。而在高资源要求条件下,仪表飞行规则(IFR)方式中的被试者需要更多的注意和认知资源,不仅要监控仪表显示的各种飞行参数,而且还要时刻关注检测表程序执行的有效性和准确性,被试者大量的心理资源用于监控、判断和决策等各种信息加工活动,从而容易发生飞行进场黑洞错觉。

因此,本章的结果显示,尽管总体上说仪表飞行规则(IFR)方式产生的飞行进场黑洞错觉量要低于目视飞行规则(VFR)方式,但降低机组飞行进场黑洞错觉量的作用并没有真正体现出来。在低负荷飞行时期机组的错觉量似乎降低了,但是在高负荷飞行时期他们的进场黑洞错觉量却增加了。这一结果支持了 Wiener 有关飞行失误发生特点的相应观点。同时,这一结论也启发我们,在真实的飞行环境中,为了减少飞行进场黑洞错觉量,如果在较低认知负荷阶段,飞行员适宜启用仪表飞行规则来进近,而在认知负荷较高的飞行阶段,飞行员应该更多地采用目视飞行规则进近。

总的来说,线索任务因素对飞行进场黑洞错觉量产生显著影响,时间线索的飞行进场黑洞错觉量显著地高于空间线索的飞行进场黑洞错觉量;资源要求因素对飞行错觉产生显著影响,高资源要求条件下的飞行进场黑洞错觉量显著地高于低资源要求条件下的飞行进场黑洞错觉量。线索任务对进场高度精度偏差的影响程度还取决于不同的资源要求,在低资源要求条件下,仪表飞行规则(IFR)的飞行进场黑洞错觉量要显著地低于目视飞行规则(VFR)的飞行进场黑洞错觉量;在高资源要求条件下,仪表飞行规则(IFR)的飞行进场黑洞错觉量要显著地高于目视飞行规则(VFR)。

〰〰〰〰〰〰〰〰〰〰〰〰〰〰〰〰

飞行视窗:认知负荷

(一)认知负荷的概念及来源

认知负荷概念最早源于 Sweller 提出的记忆贮存模型,其观点的核心在于:工作记忆以及感觉登记处理信息的能力有限,过多和过于复杂的信息都会导致用户认知资源不够用,认知负荷过高,认知负担较重。认知负荷又称工作负荷,对于以虚拟操作为主体的汽车辅助或飞行系统界面而言,这种负荷一般是脑力负荷,是在对界面信息进行各类信息加工环节中所产生的负荷。认知负荷的概念较为抽象,一般无法用具体的数值来表示。它是评价人机界面系统可用性的一项重要指标,它的大小直接影响着用户对于界面的认知效果和操作绩效。认知负荷包括两大理论基础,即资源有限和图式理论。资源有限理论的核心观点在于人的认知资源有限,各项认知活动都会占用认知资源。人们的认知资源主要分为注意资源和工作记忆资源,容量有限性是其主要特征。认知负荷理论是由澳大利亚新南威尔士大学的认知心理学家约翰·斯威勒(John Sweller)于 1988 年首先提出来的,它以 Miller 等人早期的研究为基础。认知负荷是表示处理具体任务时加在学习者认知系统上的负荷的多维结构。

(二)认知负荷的分类

飞行员自身因素以及界面信息特点是影响认知负荷大小的关键。从认知主体和客体的角度，将影响飞机辅助飞行系统界面认知负荷大小的因素进行细化和分类，结果如下。

1. 根据认知主体分类

从认知主体(飞行员)来看，认知负荷主要受到飞行员的认知能力、知识背景、行为习惯以及心理状态等因素的影响，不同学历、技能训练、飞行经验的飞行员对界面信息的理解能力不同。飞行员自身的文化水平与飞行经验越多，心理状态越良好，则对交通事件信息理解得越深入，状况判断越准确，认知负荷相对较低。

2. 根据认知客体分类

从认知客体(界面信息)的角度来看，影响认知负荷大小的因素主要有以下三方面。

(1)界面信息内容的数量与复杂程度。当界面信息呈现的数量越多，界面信息的内容难度越高，飞行员对信息进行理解和分析的效果越差，所导致的内在认知负荷越高。此外，当界面信息呈现的信息数量少时，需要完成的飞行任务的步骤越简洁，内在认知负荷越低。

(2)界面信息的层次与外在表现形式。飞行员在这一方面主要产生的是外在认知负荷，包括：①界面信息呈现的载体，某些飞机辅助飞行系统界面多呈现在飞机仪表盘上，仪表盘的尺寸以及呈现信息的方式等都有可能导致外在认知负荷较大。除此之外，界面信息呈现方式还需考虑外界因素(光照、噪声、飞行过程中的震动等)的干扰，外在认知负荷也会相应变化。②界面信息的组织布局方式，包括各项功能模块设置，如飞机状态信息、飞行航线危险状态预警、系统各项参数设置以及一些其他帮助信息等在界面中的位置顺序和视图变换。③界面整体信息层次结构，包括界面导航、各系统页面之间的切换、缩放；不同功能模块之间的覆盖、显隐，如在系统参数设置界面在运行的情况下要覆盖其他界面等。④界面视觉元素表现，包括界面显示的各项指标的图标(如速度、行驶方向)、提示文字(自适应巡航系统模式、强度设置)、整体的界面背景、报警提示信息的光感跳跃等。

(3)界面信息与飞行员图式建构记忆的匹配程度：飞行员图式建构的信息包括生活常识、日常学习、飞行获得的知识等，这些都产生相关认知负荷。它能够利用图式自动化来理解信息，将节省下来的认知资源用于进行更高级的认知加工，界面信息与飞行员图式建构信息越匹配，相关认知负荷越高，能够更有效地分析复杂的飞行状况、完成飞行任务决策，它对飞行员对界面信息的认知活动具有积极意义。

飞行员在飞行的过程中所要处理的飞行信息较多，且飞行员在飞行过程中需要完成不同的飞行任务，占用了很多的认知资源，飞机辅助飞行系统界面信息架构包含大量的关于环境、飞机自身的信息及系统状态信息，不同背景的飞行员的知识水平、认知能力以及经验不同，部分信息如飞机自身各项状态数值等专业性较强，信息的层次、结构较为复杂，信息呈现的方式无法与飞行员的认知规律相耦合。当这些情况出现时，使得完成界面观察和操作的过程中所需要的认知资源过多，且远超出飞行员固有的认知资源，即认知负荷过载。界面显示的信息过多，细节展现过于全面，信息比较密集，导致认知负荷过高，飞行员往往无法准确了解飞机、外界环境的变化情况，这大大降低了任务完成效率，容易导致飞行操作失败，威胁人机安全。

　　根据 Sweller 的"低负荷效应"理论,过于简单的界面信息会降低飞行员的注意力聚集程度,导致认知资源的利用率降低。就飞机驾驶而言,飞行员认知负荷过低的现象主要是由于飞行技术的进步或是界面信息设计不当,界面信息显示的数量较少,需要采取操作行为较为单一。此时,完成界面认知活动所需要运用的认知资源较少,将呈现出认知负荷过低的状态,在遇到紧急情况时很可能来不及反应。界面提供的信息过少,当出现复杂情况时,飞行员容易反应不及,且无法准确预测当前飞行环境的变化趋势。

　　NASA - TLX 认知负荷量表法(NASA - Task Load Index,NASA - TLX)是对界面认知负荷的评估方法,主要通过问卷调查的方式实现,用于主观评价认知负荷值。

第三部分　黑洞错觉实验研究及讨论

　　相比于陆基着陆,舰载机飞行员在着舰阶段更易受到黑洞错觉的影响而严重威胁到飞行安全。研究错觉的产生原因并将其应用于训练以及设计等方面,已成为各国相关研究者的重要研究方向。本部分将就实验研究中的进场准备与进近阶段的时间与空间线索的影响进行系统讨论,并对其相关应用进行阐述。

第十章　时空线索影响

第一节　总体讨论

　　飞行员进场运动是非常复杂的,有良好视觉进场、不良视觉进场、仪表进场综合线索进场等多种类型。现有这类研究的共同点是需要对飞行员本身的空间位置进行估计,并适当使自身或效应器调整,使之与静止甲板或移动甲板在某一时间相遇或相离。因此,需要飞行员对飞行器将要到达目标点的时间进行估计,这就是进场时间估计。但是,无论是进场的启动还是随后的进场过程调整,是否只需要估计空间线索呢? Lawetal 等人认为:当飞行员离目标点一定距离时开始启动减速。如果飞行员利用空间距离达到一定阈限来启动进场程序的话,是否就不需要时间信息了呢? 从大多数研究看,多数研究者都承认时间变量的作用。但同时,不少研究也发现众多因素影响对进场着落时间的估计。笔者认为,除利用对进场着落空间进行估计外,飞行员在进场中还可能利用了其他信息。也就是说,降落进场时间可用来估计,但其他信息也参与其中,只不过在不同情景下各注意信息的重要性权重存在差异而已。实际上,所谓进场的空间估计只是一种综合的称谓,所利用的许多信息(如降落速度等)并不全是空间估计。准确的进场除了空间上需要准确外,还需要满足相对的时间上的精确要求。时间上的线索表征信息是否也可以为飞行员的进场提供导向呢? 这里,我们对进场信息从空间深度距离和时间速度变化两个维度进行划分。其中,时间速度变化信息主要指飞行员在距离甲板一定距离时采取的对自身速度的控制和时间上的估计变量,空间信息指飞行员位置和离着落点的距离等。在飞行员启动着陆和最终进场的时间估计的研究中,一些研究者认为主要利用了时间信息 Tau,一些研究者认为是利用了空间信息,还有一些研究者认为利用了包括下在内的多种信息源。而对于以飞行员着陆为代表的可控性相撞过程,部分模型强调时间的作用,而在飞行员进场着陆的特殊行为中,综合考察空间信息和时间信息的整合在启动和进场调整过程中的作用有助于澄清这些争议。

　　在以往关于 BHI 的相关研究中,大多数是从空间的分纬度进行研究,很少考虑飞行员在时间、速度上的知觉考虑,并加以进行整合,尤其以认知心理学的模式进行模型抽象的方式更是少之又少。

　　本章通过开展五项研究共八个实验,系统考察飞行员在进近时的时间因素和空间因素的作用和相互影响,并且将进场阶段分为进场启动和进场调整阶段,分别进行考察。

第二节 时间线索

一、模拟飞行进近中的时间线索

在熟悉的陆基机场、视觉线索丰富的环境中进场时，飞行员所感受到的下降角度与相对于跑道的实际下降角度相等。即使有了误差，也会在随后进场的行为序列中，进行一系列的调整和更改，使之符合地空间的相关知觉线索。但这要取决于飞行员是否在充分的时间之内产生了对时间线索变化的启动。然而，飞行员在缺乏特征的环境中就可能会对其下滑通道估计过高（Glide Path Overestimation，GPO）。进场时，进场高度不是平常意义上的高度进场（3°进场），飞行员就会出现下滑通道估计过高的情形（GPO）。大多数飞行员可能简单地将此描述为"感觉有些陡"。但如果这时错误地相信感觉，就会开始比较危险的下降，将其飞机飞到低于所需进场角度的不安全位置上。

对于进场灯光系统的知觉，本质上说是飞行员对于时间线索的把握，由于目视进场无法很好地把握空间知觉线索，而不得不依赖于时间线索，即任务操作序列，看到什么样的灯光，来决定何时进行下滑角的调整。情境模拟实验中考察了飞行错觉的影响因素，结果发现归类于时间任务序列的灯光进场辅助系统，会影响进场的黑洞错觉率的发生，而且进场灯光易于被知觉，能较早并且流程完整地提供知觉线索的系统，比如综合灯光系统可以减少错觉量。这一结果证实了本书提出的假设1（进场距离、地形密度会影响飞行员进场的黑洞错觉量），同时也启发我们，在空间因素相对缺乏的时候，时间线索在进场过程中起到了极其重要的作用（但在哪一个阶段起作用还需要后续的行为实验加以考察）。

二、进场启动和调整过程中的时间线索作用

尽管本书的得到结果不足以完全确立时间线索在进场启动和调整阶段中的理论模型，但是它们至少表明了有关飞行员在什么阶段采用时间线索的一些假设。下面我们提出了一个进场过程中时间线索的假设机制和模型（见图10-1）。这些机制下的假设还有待于将来进一步的研究。

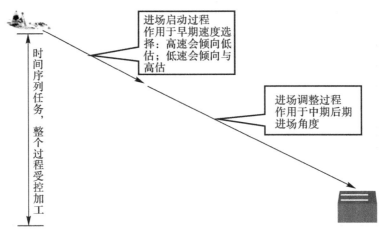

图10-1 时间线索在进场行为中的初始模型

在 Gibson 等人的"直接知觉"的生态化理论的基础上,Lee 提出一种非基于计算的视觉变量 Tau,指个体充分靠近物体时,所产生的视觉膨胀的相对比率的倒数。本书中行为实验的主要目标是找出这些视觉的特定变量,并设计实验来证明飞行员进场过程确实是利用特定变量来知觉环境并且控制自身行为的。前人在研究中,多把进场启动和进场调整过程混为一谈,而不同的时间线索和空间线索会分别作用于启动和调整阶段,同样的进场运动,启动早或晚对后面的调整的时间影响非常大。如果过晚的启动进场会导致余后时间不足;如果启动过早,则情景正相反。有些研究对启动进行了控制,要求看到目标物后就迅速启动。在这样的场景中,由于操作时间太短,可能导致无法准确知觉物体的详细表征,引发相撞。本书中已经充分证明了时间线索确实全程作用于飞行员进场过程。

在飞行员进场时,除需对进场的跑道与飞机的距离进行估计外,还要对自身的运动进行估计,并根据瞬时信息进行全程的调整,以免发生黑洞进场。前述实验已经证明在飞行员进场时,会综合利用时间和空间线索进行降落。实际情况中,进场时,多数飞行员会采用 ILS(盲降),在 ILS 引导下,选择最佳进场航道,但在实际舰载飞行员的进场中,进场时间线索显得更为重要,原因是舰载机飞行员要在极短时间内、能见度低、甲板上下颠簸等极其不利的情况实现起降。在飞行员进场时,除需对进场的跑道与飞机的距离进行估计外,还要对自身的运动进行估计,并根据瞬时信息进行全程的调整,以免发生黑洞进场。大多数情况下,我们推荐飞行员仪表进场,但据以往研究,多数飞行员会参照仪表的目视进场,这里的时间线索我们可以抽象成为任务序列完成后离机场的时间间隔,而目视进场大多知觉的是空间线索。简单地说目视进场依靠空间线索多些,仪表进场依靠的时间线索多些,但这两者也不是截然分离的,每一个阶段的时间和空间怎么进行作用,我们要分开探讨。最终得到以下结论:

(1)在固定角度和速度条件下,舰载飞行员进场时要对时间线索,和空间线索进行综合考量进场,而不是单一的靠时间或是空间距离线索,并且进场过程受到移动甲板的速度和进场高度的影响。

(2)对于高速移动的目标进场,飞行员倾向于低估着陆和进近时间,反之,对于低速和中速的目标进场时,飞行员倾向于高估着陆和进近时间。

对时间线索信息在以不同速度进场的作用研究结果表明:

(1)在空间信息线索缺乏,只有时间线索的指导下,飞行员倾向于采用使最大速度降低,而且达到最大速度的时间点提前的方式。在仅有时间估计任务情景下,被试达到的最大速度比其他几种状态要低,即低于低速和快速情况,说明在此种状态下,被试倾向于保守策略,保持速度在一个较安全的模式之下,避免高速入场。联系到实际进场行为,这与采取 ILS 进场中,飞行员较多的采用安全速度操作的行为是相吻合的,在盲降中,飞行员关注较多的是任务序列,即时间线索,这样速度就不会很大,相对来说比较安全。

(2)在快速和低速情况下,时间线索对飞行员选择最大速度的影响很大。说明进场行为中时间因素较大的影响最大速度的选择和达到最大速度的时间点序列位置。在时间估计任务下,被试倾向于提早达到最高速度,这就可能导致随后进场时有充分的时间进行调整,这样的策略模式选择可能有助于被试的成功率的提高,这也说明了时间线索如果作用于进场过程的话,应该是从进场早期开始;在快速和低速情况下与安全速度相比,均有显著影响,只有安全速度接近时间估计任务的时间比例，说明快速和低速任务下，被试所采取的模式就是先低速后高速，即出现最大速度时间点后移，这在进场中会造成随后速度调整时间不足，进而发生错觉，出现事故。

（3）时间线索可能作用于进场全程的判断，至少在早期的速度选择中起重要作用。这也验证并拓展了前人的研究。在前人的研究中，无论是进场的启动还是随后的进场过程调整，认为只需要估计空间线索，有人（Lawetal，Warren，Portetal）认为，当飞行员离目标点一定距离时开始启动减速。而实际飞行中这将极易产生黑洞错觉。前人研究较多地把控制进场速度作为一个影响黑洞错觉的主要因素，本书具体探讨时间线索的知觉对于进场早期的速度调整的重要意义。

Tau 线索在一些研究中被证明并不是单独作用，如 Tresilian 发现了直接影响相撞时间的三个光学环境矩阵：相撞点的角速度和距离、个体角速度以及整体 Tau 线索。时间线索和空间线索综合作用于启动和调整的过程，但时间线索和空间线索在整体上的加工机制上的作用还不明了。这两种线索在加工中是受控加工还是自动加工？进行实验通过双任务范式对此综合考察。具体来说，在进场任务中分别加入空间任务（心理旋转任务）和时间任务（时间序列探测任务），让被试反应。如果在空间任务和进场任务双任务范式下，被试的反应准确率较基线水平没有显著差异，则空间任务是自动化加工，反之为受控加工；如果在时间间任务和进场任务双任务范式下，被试的反应准确率较基线水平有显著差异，则时间间任务是受控加工，反之为自动化加工。

根据进场行为中时间线索和空间线索在双任务范式下的加工机制，我们可以判断，时间任务是受控加工，需要较高水平的认知资源配合，结合飞行员的进场现状，空间线索的知觉（目视进场）虽然在认知资源上是自动化加工，但实际显示多数错觉发生在此时，失误率很高，这也说明了由于飞机进场的任务综合且异常复杂，大多数"新手"飞行员在扫描仪表时，占用了过多的认知资源，挤压了空间线索的知觉加工空间，反之，"专家"飞行员在实施进场任务时，不仅会以规律地扫描仪表，更会将空间线索自动化加工，整合在整个进场任务决策系统中。因此实施标准的进场任务序列，辅之以相配套的空间线索知觉模式，将有助于飞行员降低错觉率，增加进场成功率。

结合前人的研究也可以得知，时间线索的知觉会使最大速度降低。当操作更困难的时间序列任务时，根据注意资源分配理论，被试的时间线索加工资源得到了进一步的激活，即被试操作进场任务时的"时间性质"更强，相比较而言，这较其他双任务范式下的最大速度明显降低。联系到实际飞行员的进场行为，操作复杂的时序任务会影响飞行员实际操作过程中最大速度的释放，所以在进一步的研究中，我们要探讨时间线索影响下的时序任务的排列及其如何与空间知觉线索结合形成一套在人因意义上的进场程序系统。

另外，时间线索的知觉会使被试达到最大速度的时间点推后，而单纯仪表进场又会使达到最大速度的时间点延后。"专家"飞行员会采取有效的加工策略促使时序任务和空间知觉得到规律性的加工，结合自身的认知资源，做出高水平的资源整合，从而降低错觉发生率，顺利完成任务。

第三节　空间线索

一、模拟飞行进近中的空间线索

进一步回溯关于 Tau 理论的一些内容发现,前人的相撞模型中或多或少地存在一些过分强调时间线索的情况。比如,Lee 提出一种非基于计算的视觉变量 Tau,它指个体充分靠近物体时,所产生的视觉膨胀的相对比率的倒数。需要注意的是,在这里 Tau 的获得与物体的运动距离和运动速度不直接相关,它是一种建构于两者之上的高级变量。在 Lee 看来,当物体形状或者大小发生改变时,Tau 变量是唯一能够直接得出的物体相撞时间的变量。同时,低加工水平的视觉某些变量,如知觉视角和边缘膨胀比率,都会受到其他因素的影响,如受物体大小的影响。因此,Tau 被称为特定或固定的视觉变量(specifying variable),而知觉视角和边缘膨胀比率是非特定变量(non - specifying variables)。因为特定变量在条件改变时可以保持不变,所以,当其他条件改变时,就可依然保持个体知觉和运动的连续性。但非特定变量在某些实验室操作环境中等非自然条件下表现较好,但不是在所有环境中都有较好的表现。首先应该把整个过程分为进场启动阶段(调整阶段)和实际进场阶段,再分别考量时间和空间线索对它的作用。结果发现,进场距离、地形密度会影响飞行员进场的黑洞错觉量,在一些涉及高难度任务操作的类似相撞行为中,比如飞行员进场等,距离知觉这一空间线索仍然极大影响着飞行员的绩效(错觉量的大小)。

二、进场启动和调整过程中的空间线索作用

在实际的进近着陆中,会由于时间和空间线索的知觉不同导致飞行员的进近错觉即黑洞错觉,多数航空生理学和心理学专家在研究中并没有把进场启动和随后的进场调整过程分离开来,而是将这一过程作为一个整体来研究。进场启动与随后的调整状态是紧密相关的。同样的进场运动,启动早或晚对后面的调整的时间影响非常大。如果过晚的启动进场会导致余后时间不足;如果启动过早,则情景正相反。有些研究对启动进行了控制,要求看到目标物后就迅速启动。在这样的场景中,由于操作时间太短,可能会导致无法准确知觉物体的详细表征,造成相撞。事实上,缩减理想减速与瞬时减速之间的差异并不是着陆成功的必要条件,进一步讲,它并不能保证每次进场着陆都是安全的。如果没有人能达到减速比率的限制,那么所有的减速度的误差都能够被消除了。但是,事实上这种限制是存在的,存在一个成功刹车的特定值,即为我们努力在寻找一个看起来能停下来实际上却没停下来的刹车临界点。而着落时的成功与否就取决于飞行员对于这种临界点的敏感程度,即理想减速与瞬时减速的比例关系是否能在飞行员的着落期间形成一种固定的稳定的系统。

在固定角度和速度条件下,舰载飞行员进场要依靠时间线索和空间线索,对它们综合考量再进场,而不是单一地靠时间或是空间距离线索,并且进场过程受到移动甲板速度和进场高度的影响。前人对进场启动的认知心理学范式研究非常少,仅有的相类似的对相撞运动启动的研究多数集中在驾驶员刹车任务上,即考察人是否会根据时间信息来决定刹车开始时间。比

如司机在高速公路上驶向一个收费站,不会在很远就开始刹车,只是进入了准备状态,如果提早刹车会导致在收费站之前不必要的停滞和延迟。简单地说,就是什么时间踩刹车的问题,这个问题取决许多因素,包括踩刹车的力度、机动车性能、机动车的物理质量和机动车驾驶员的驾驶习惯等等。但大多数情况是尽管开始了刹车,司机也很难精确地知觉并判断最终刹车距离,速度之间的误差仍然存在。通常情况是我们都会在快接近时猛踩一脚刹车,这样的情景如果发生在舰载飞行员身上,结果将是不可想象的,尤其在外部环境极其恶劣的情景下,极容易诱使飞行员产生黑洞进场错觉和其他空间定向障碍。虽然大多数舰载飞行员采用撞击式着落,但经验丰富的飞行员一是会采取相应措施避免黑洞错觉,二是会尽量避免在着落时进行急刹车。

实验结果表明:①在时间信息受到干扰,空间信息得到单独知觉时,被试倾向于在早期降低最大速度,最大速度会在中后期出现。在时间线索受到干扰,空间线索得到知觉的任务情景下,被试早期达到的最大速度比其他几种状态要高,说明在空间线索作用的早期阶段,被试倾向于激进策略,充分自信于能够把速度保持在一个较安全的模式之下。随着进场进程的进行,由于速度初始过大,被试不得不调整速度,致使后期调整时间无法得到充分满足,从而诱发错觉,导致失误。联系到实际进场行为,这与飞行员目视进场中,飞行员较多地采用高出安全速度操作的行为是相吻合的。在目视进近中,飞行员关注较多的不是任务序列即时间线索,而是把较大注意资源放在了空间线索(外界信息)上,相对来说,这种模式下极易出现错觉。另外,任务的空间线索清晰与否影响被试进场时最大速度的释放,空间线索较时间线索而言较多地作用于进场过程前期。而且在基线安全速度的比较中,我们可以获知,与时间线索比较,空间线索作用显著的阶段要短于时间线索作用显著的阶段。②空间线索作用于进场早期的判断,在后期会影响达到时间序列里的最大速度。在时间线索受到干扰、空间线索得到知觉的任务情景下,被试倾向于较晚达到最高速度,这就可能导致随后进场时没充分的时间进行调整,这样的策略模式选择可能有助于被试的成功率急剧提高。③在时间信息线索受到干扰,只有空间线索指导情景下,被试的反应倾向于把达到最大速度的时间点推后。这也说明了空间线索虽然作用于早期进场阶段但被试的反应倾向却是不仅在早期做出速度上的回应,而且会在后期有一个弥补型的速度"补偿",这可能有着某种因果关系。这在实际飞行经验中也有着屡见不鲜的例子,多数飞行员采用ILS定位好最优下滑角度,但是随着高度降低,会有较大概率恢复采用目视方式进场,有可能诱使发生进场黑洞错觉,致使事故。

时间线索和空间线索综合作用于启动和调整的过程,但时间线索和空间线索在整体加工机制上的作用还不明了,空间线索在加工中是受控加工还是自动加工,进行实验通过双任务范式予以综合考察。具体来说,在进场任务中分别加入空间任务(心理旋转任务)和时间任务(时间序列探测任务),让被试反应,如果在空间任务和进场任务双任务范式下,被试的反应准确率较基线水平没有显著差异,则空间任务是自动化加工,反之为受控加工;如果在时间任务和进场任务双任务范式下,被试的反应准确率较基线水平有显著差异,则时间任务是受控加工,反之为自动化加工。

通过实验,我们可以判断,空间任务是自动化加工,结合飞行员的进场现状,空间线索的知觉(目视进场)虽然在认知资源上是自动化加工,但实际显示多数错觉发生在此时,失误率很高。这也说明了由于飞机进场的任务错综复杂,大多数"新手"飞行员在扫描仪表时,占用了过多的认知资源,挤压了空间线索的知觉加工空间。相同,"专家"飞行员在实施进场任务时,不仅以规律地扫描仪表,更会自动化加工空间线索,将其整合在整个进场任务决策系统中。因此实施标准的进场任务序列,辅之以相配套的空间线索知觉模式,将会有助于飞行员降低错觉率,增加进场成功率。

我们也可以得知,时间线索的知觉会使最大速度降低。当操作更困难的时间序列任务时,根据注意资源分配理论,被试的时间线索加工资源得到了进一步的激活,即被试操作进场任务时的"时间性质"更强,这比其他双任务范式下的最大速度明显降低。联系到实际飞行员的进场行为,操作复杂的时序任务会影响飞行员实际操作过程中最大速度的释放,所以在进一步的研究中,我们要探讨时间线索影响下的时序任务的排列和如何与空间知觉线索结合形成一套人因意义上的进场程序系统。

另外,时间线索的知觉会使被试达到最大速度的时间点推后,而单纯仪表进场又会使达到最大速度的时间点延后。"专家"飞行员会采取有效的加工策略促使时序任务和空间知觉得到规律性的加工,结合自身的认知资源,做出高水平的资源整合,从而降低错觉发生率,顺利完成任务。

第四节 时间和空间线索在模拟飞行中对黑洞错觉的影响机制

基于行为实验研究结果,通过飞行模拟情景实验,本书检验了舰载机飞行员进场方式以及进场阶段对飞行黑洞错觉量的影响,发现进场方式和进场高度对飞行黑洞错觉产生显著影响。进场方式对黑洞错觉的影响还取决于不同的飞行阶段:在舰载机进场早期阶段采用仪表飞行规则(IFR)有助于降低黑洞错觉量,而在舰载机进场晚期阶段采用目视飞行规则更有助于减少飞行员的黑洞错觉量(VFR)。另外,进场飞行规则和认知负荷因素对黑洞错觉产生显著影响。进场规则对黑洞错觉的影响程度还取决于舰载机飞行员不同的认知负荷水平。在认知负荷条件下,仪表飞行规则(IFR)的黑洞错觉量要显著地低于目视飞行规则(VFR);在高认知负荷条件下,仪表飞行规则(IFR)的黑洞错觉量要显著地高于目视飞行规则(VFR)。

首先,全程仪表飞行规则(IFR)条件下的黑洞错觉量要显著地低于全程目视飞行规则(VFR),这说明采用仪表飞行规则的进场方式要比目视飞行规则的方式在降低黑洞错觉量方面具有优势,这其中主要原因可能是时间线索的信息加工是受控加工,需要更多高水平认知资源的参与,仪表飞行规则(IFR)需要大量的认知监控和信息加工能力。而空间线索的信息加工呈现自动化加工,即目视飞行规则(VFR)更加注重线索收集的自动化形式。另外,仪表飞行规则(IFR)+目视飞行规则(VFR)的黑洞错觉量要显著地低于全程目视飞行规则(VFR),这表明在舰载机进场的早期阶段,采用IFR能够有效地降低被试的黑洞错觉量。同时,仪表飞行规则(IFR)+目视飞行规则(VFR)的黑洞错觉量要显著地低于全程仪表飞行规则(IFR),这表明在舰载机进场的晚期阶段,由之前的IFR改为VFR,能够有效地降低被试者的黑洞错觉。因此,通过实验发现在舰载机进场的早期阶段采用IFR,而在晚期阶段采用VFR能够有效地降低飞行进场中的黑洞错觉量。

其次，认知负荷对黑洞错觉产生了显著影响。与低认知负荷条件相比，认知负荷要求增加了被试者的黑洞错觉量。因此，本书的这一结果不仅支持了 Raby 和 Wickens 的研究结论，而且在一定程度上验证了 Suroteguh 和 Funk 有关"较高的认知负荷可能导致飞行员的人因失误"的理论观点。另外，这一结果也能部分地解释不同飞行阶段的失误率出现差异的事故调查结论。Helmreich 发现，在所有飞行阶段中，进场/着陆阶段的失误发生率最高。这一方面可能是舰载机飞行员在短时间内处理的多个同时性任务，使得他们的心理资源受到极大挑战，很难满足众多同时性任务的竞争要求；另一方面，舰载机飞行员在进场/着陆阶段的任务最为复杂多变，除气象、地形等条件外，还必须对下降速度、飞行高度、倾斜角度以及地标、跑道等状况的变化在短时间内做出反应，这在很大程度上增加了舰载机飞行员的认知负荷，使得他们工作效率下降，发生失误。

同时，线索任务对进场黑洞错觉的影响程度还取决于不同的资源要求，在低资源要求条件下，仪表飞行规则（IFR）的飞行错觉量要显著地低于目视飞行规则（VFR）的黑洞错觉量；在高资源要求条件下，仪表飞行规则（IFR）的飞行错觉量要显著地高于目视飞行规则（VFR）。这主要是由于在低资源要求条件下，相对于目视飞行规则（VFR），仪表飞行规则（IFR）方式中的被试需要的注意和认知资源较少，很少有其他认知活动与监控仪表活动去竞争资源，有足够时间和精力去监控仪表飞行规则（IFR）中的各种飞行参数信息，这就使得他们发生失误的可能性降低，从而减少了飞行错觉量。而在高资源要求条件下，仪表飞行规则（IFR）方式中的被试者需要更多的注意和认知资源，不仅要监控仪表显示的各种飞行参数，而且还要时刻关注检测表程序执行得有效性和准确性，被试者大量的心理资源用于监控、判断和决策等各种信息加工活动，从而容易发生黑洞错觉。

本书的结论启发我们，在真实的飞行环境中，为了减少黑洞错觉量，如果在飞机进场早期阶段飞行员适宜启用仪表飞行规则来进场，那么在飞机进场的晚期阶段，飞行员应该更多地采用目视飞行规则进场。另外，如果在较低认知负荷阶段飞行员适宜启用仪表飞行规则来进场，那么在认知负荷较高的飞行阶段，飞行员应该更多地采用目视飞行规则进场。

第五节　黑洞错觉机制对我军舰载机飞行员选拔与训练的意义

舰载机进场被形象地称为"可控的坠机"，在着舰时不关闭发动机，下滑到航母末端后以主起落架轮触地，同时用拦阻索勾住飞行甲板上四根拦阻索中的一根，拦阻系统依靠液压装置强行把飞机在 70 多米的距离内拉停。这个进场过程需要飞行员对空间线索和时间线索进行精准的把握，不然就会极易发生黑洞错觉。

作为世界上拥有航空母舰最多的国家，美国建立了一套完整的舰载机飞行员的训练体制，通过科学的选拔和训练，为其庞大的舰载机部队储备了大量优秀的舰载机飞行员，其来源主要是安纳波利斯海军军官学校、后备军官训练团、军官候补生学校等的毕业生。他们在入航校前都受过严格和完备的生理学和心理学的筛选。美国海军舰载机飞行员是以三阶段训练模式进行训练的,即航校、补充训练中队和作战联队训练三级。航校阶段约一年时间,使用多种教练机阶梯型教学,对飞行学员进行分流,将不适合操作喷气式舰载作战飞机的飞行学员淘汰。完成航校训练的飞行学员要再完成初、中、高级航空训练,并具备一定的航空母舰飞行能力。经训练联队 26 周训练后上训练航母。在此之后,适合于飞喷气式飞机的舰载机飞行员,又被转到密西西比州的梅里迪安和得克萨斯州的金斯维尔或比维尔训练联队进行为期 26 周的训练飞行。最后,这些飞行员进行空中射击训练和在训练航母上的合格训练。

对我军舰载机飞行员来讲,建立一套完整、行之有效的选拔体系极为重要。应制定执行独立的海军舰载机飞行员选拔体系,加强海军自身的舰载机飞行员人员心理选拔系统的建设,增大初级飞行人员储备,以提高舰载机飞行人员选拔的选材基础。近年来随着海军的不断发展,相关高水平舰载机飞行员以及教练员人才缺口较大。从现有成熟陆基飞行员中调用的方式难以满足需求,因此尽快建立舰载机培训体系成为重中之重。

舰载机飞行员选拔与训练有自身的特点,体系的完善和行之有效至关重要。通过临时性的选调和外训或许在短时期内能得到一小批精锐飞行员,但是无法长期在数量和质量上满足中国海军走向蓝海的需求。

培养一名合格的舰载机飞行员所付出的代价要远远超出普通飞行员,因此,在舰载机飞行员的初始选拔中就应高度重视选拔科目的完整性和实用性。在实际飞行中,舰载机飞行员进场过程中的黑洞错觉发生率居高不下。本书给出的研究启发我们,对于舰载机实际进场,如果在早期阶段,飞行员适宜启用仪表飞行规则来进场,那么在晚期阶段,飞行员应该更多地采用目视飞行规则进场。另外,如果在较低认知负荷阶段飞行员适宜启用仪表飞行规则来进场,那么在认知负荷较高的飞行阶段,飞行员应该更多地采用目视飞行规则进场。因此,我们可以制定一套较完善的舰载机飞行员进场的选拔和训练系统,以避免黑洞错觉和恶性事故。应在前期的选拔科目中加入相关的时间线索知觉模块和空间线索知觉模块;在后期训练大纲中,为避免黑洞错觉的发生,应专门制定目视飞行训练和仪表飞行训练并行和交叉科目,以培养和训练舰载机飞行员在仪表飞行模式和目视飞行模式中切换时间的最优点和最优模式,以期在真实的飞行环境中,大幅度地减少舰载机飞行员的黑洞错觉发生量和恶性事故率。

参 考 文 献

[1] 王立鹏,王立辉,张智,等.抑制尾流扰动的舰载机纵向自动着舰预测控制[J].计算机仿真,2019,36(03):50－55,60.

[2] 黄得刚,章卫国,邵山,等.舰载机自动着舰纵向控制系统设计[J].控制理论与应用,2014,31(12):1731－1739.

[3] 巩鹏潇,詹浩,柳子栋.舰尾流影响下的舰载机着舰控制与仿真研究[J].航空工程进展,2013,4(03):339－345,357.

[4] 常明.进场过程中时空线索对黑洞错觉的影响机制:面向舰载机飞行员的选拔与训练研究[D].西安:陕西师范大学,2013.

[5] 程洪书,赵保明,张福,等.飞行错觉模拟训练系统的研究与开发[J].火力与指挥控制,2012,37(09):201－204.

[6] 张建,王庆敏,李明皋,等.外军航母舰载机飞行员职业特点分析[J].海军医学杂志,2012,33(02):144－145.

[7] 方斌,姜彰能,曾文海.舰载机着舰阶段飞行员视场研究[J].自动化博览,2011(S2):231－236.

[8] 彭秀艳,王志文,吴鑫.舰载机纵向自动着舰控制[J].智能系统学报,2011,6(02):172－177.

[9] 陶维东,陶晓丽,孙弘进.即将碰撞时间的视觉信息加工研究进展[J].现代生物医学进展,2011,11(06):1165－1169,1183.

[10] 谢溯江,王建昌.新型高性能战斗机飞行员前庭功能选拔鉴定训练方法研究中存在的问题及展望[J].空军医学杂志,2011,27(01):54－60.

[11] 廖建路.航空体育中心理训练对飞行学员空间定向能力的影响[D].长春:东北师范大学,2010.

[12] 贾新强,林鹏,王敏文,等.舰载机着舰甲板运动误差及其补偿仿真研究[J].航空计算技术,2010,40(01):114－118.

[13] 游旭群,姬鸣,戴鲲,等.航线驾驶安全行为多维评价量表的构建[J].心理学报,2009,41(12):1237－1251.

[14] 施亮.各扰动对舰载机着舰过程的影响分析[J].计算机仿真,2009,26(12):46－48,61.

[15] 唐日新.拦截运动中的接触时间估计理论综述[J].人类工效学,2008(02):51－53.

[16] 游旭群,姬鸣,顾祥华,等.航空安全文化评估新进展[J].心理与行为研究,2008(02):130－136.

[17] 唐日新.时间和空间信息在伸手拦截运动中的作用[D].杭州:浙江大学,2008.

[18] 游旭群,晏碧华,李瑛,等.飞行管理态度对航线飞行驾驶行为规范性的影响[J].心理学报,2008(04):466－473.

[19] 游旭群,姬鸣.航线飞行能力倾向选拔测验的编制[J].心理研究,2008,1(01):43－50.

[20] 胡小岗.视觉感受器结构特性和视觉刺激特征对视知觉和表象加工的影响[D].西安:

陕西师范大学,2007.

[21] 郑峰嬰.舰载机着舰引导技术研究[D].南京:南京航空航天大学,2007.

[22] 朱华.几种飞行控制技术研究[D].南京:南京航空航天大学,2007.

[23] 史青海.舰载机着舰控制技术研究[D].哈尔滨:哈尔滨工程大学,2007.

[24] 彭秀艳,赵希人.舰载机起降指导技术研究现状及发展趋势[J].机电设备,2006(02):12-16.

[25] 游旭群,李瑛,石学云,金兰军.航线飞行安全文化特征评价方法的因素分析研究[J].心理科学,2005(04):837-840.

[26] 李英杰,吴文海,韩维元.舰载机自动着舰导引的相关技术[J].飞机设计,2004(03):61-64.

[27] 宋伟峰.日渐成熟的舰载机着舰技术[J].国防科技,2004(01):37-39.

[28] 许庆元,李诗伟.高性能歼击机飞行员前庭训练特点分析[J].航空军医,2002(02):77-78.

[29] 李翔.歼击机飞行员认知能力影响因素的研究[D].西安:第四军医大学,2002.

[30] 游旭群,于立身.认知特征、场独立性与飞行空间定向关系的研究[J].心理学报,2000(02):158-163.

[31] 游旭群,王荣根,刘宁,等.认知特征与飞行错觉水平关系的初步研究[J].中华航空医学杂志,1995(02):80-83.

[32] 游旭群,刘宁,任建军,等.飞行错觉水平评定方法的初步研究[J].心理科学,1994(03):133-136,154,192.

[33] 徐德均.飞行空间定向障碍[J].心理科学通讯,1987(03):61-65.

[34] BARNES M J，MATZ M F. Crew Simulations for Unmanned Aerial Vehicle (UAV) Applications：Sustained Effects，Shift Factors，Interface Issues，and Crew Size[J]. Human Factors & Ergonomics Society Annual Meeting Proceedings，1998，42(1)：143-147.

[35] BRUNO N. When does action resist visual illusions? [J]. Trends in Cognitive Sciences，2001，5(9):379-382.

[36] BUTCHER J N. Assessing Pilots with "the Wrong Stuff"：A Call for Research on Emotional Health Factors in Commercial Aviators [J]. International Journal of Selection & Assessment，2010，10(1&2):168-184.

[37] CAREY D P. Do action systems resist visual illusions? [J]. Trends in Cognitive Sciences，2001，5(3):109-113.

[38] DEKKER S W A. Doctors are more dangerous than gun owners：a rejoinder to error counting[J]. Human Factors，2007，49(2):177.

[39] DESMURGET M，GRAFTON S. Forward modeling allows feedback control for fast reaching movements[J]. Trends in Cognitive Sciences，2000，4(11):423-431.

[40] DIXON S R，WICKENS C D，CHANG D. Comparing Quantitative Model Predictions to Experimental Data in Multiple-UAV Flight Control[J]. Human Factors & Ergonomics Society Annual Meeting Proceedings，2003，47(47):104-108.

[41] ENDSLEY M R M，RODGERS D. Attention distribution and situation awareness in

air traffic control[J]. Human Factors & Ergonomics Society Annual Meeting Proceedings, 1996, 40(2):82 – 85.

[42] FOWLKES J E, LANE N E, SALAS E, et al. Improving the measurement of team performance: The TARGETs methodology.[J]. Military Psychology, 1994, 6(1):47 – 61.

[43] FRANZ V H, FAHLE M, BÜLTHOFF H H, et al. Effects of visual illusions on grasping[J]. Journal of Experimental Psychology Human Perception & Performance, 2001, 27(5):1124.

[44] FRANZ V H, GEGENFURTNER K R, BULTHOFF H H, et al. Grasping Visual Illusions: No Evidence for a Dissociation Between Perception and Action[J]. Psychological Science, 2000, 11(1):20 – 25.

[45] FURNHAM A, CHAMORRO – PREMUZIC T, MCDOUGALL F. Personality, cognitive ability, and beliefs about intelligence as predictors of academic performance[J]. Learning & Individual Differences, 2002, 14(1):47 – 64.

[46] FUSHIKI H, KOBAYASHI K, ASAI M, et al. Influence of visually induced self – motion on postural stability[J]. Acta Oto – Laryngologica, 2005, 125(1):60 – 64.

[47] GILDEA K M, HILEMAN C R, PAUL R, et al. The Use of a Poisson Regression to Evaluate Antihistamines and Fatal Aircraft Mishaps in Instrument Meteorological Conditions[J]. Aerospace Medicine and Human Performance, 2018, 89(4):389 – 395.

[48] GLENDON A I, STANTON N A. Perspectives on safety culture[J]. Safety Science, 2000, 34(1):193 – 214.

[49] GLOVER S, DIXON P. Dynamic effects of the Ebbinghaus illusion in grasping: Support for a planning/control model of action[J]. Perception and Psychophysics, 2002, 64(2):266 – 278.

[50] GLOVER S, DIXON P. Dynamic illusion effects in a reaching task: Evidence for separate visual representations in the planning and control of reaching[J]. Journal of Experimental Psychology: Human Perception and Performance, 2001, 27(3):560 – 572.

[51] GLOVER S, DIXON P. Motor adaptation to an optical illusion[J]. Experimental Brain Research, 2001, 137(2):254 – 258.

[52] GLOVER S, DIXON P. Semantics affect the planning but not control of grasping[J]. Experimental Brain Research, 2002, 146(3):383 – 387.

[53] GLOVER S, DIXON P. The role of vision in the on – line correction of illusion effects on action[J]. Canadian Journal of Experimental Psychology/Revue canadienne de psychologie expérimentale, 2001, 55(2):96 – 103.

[54] GLOVER S, ROSENBAUM D, GRAHAM J, et al. Grasping the meaning of words [J]. Experimental Brain Research, 2004, 154(1):103 – 108.

[55] GOODALE M A, MILNER A D. Separate visual pathways for perception and action [J]. Trends in Neurosciences, 1992, 15(1):20 – 25.

[56] HAFFENDEN A M, GOODALE M A. The Effect of Pictorial Illusion on Prehension and Perception[J]. Journal of Cognitive Neuroscience, 1998, 10(1):122 - 136.

[57] HALE A R, HEMING B H J, SMIT K, et al. Evaluating safety in the management of maintenance activities in the chemical process industry[J]. Safety Science, 1998, 28(1):21 - 44.

[58] HALL C R, MACK D E, PAIVIO A, et al. Imagery use by athletes: Development of the sport imagery questionnaire[J]. International Journal of Sport Psychology, 1998, 29(1):73 - 89.

[59] HELMREICH R L, MERRITT A C, WILHELM J A. The Evolution of Crew Resource Management Training in Commercial Aviation[J]. International Journal of Aviation Psychology, 1999, 9(1):19 - 32.

[60] HELMREICH R L. On error management: lessons from aviation[J]. BMJ, 2000, 320(7237):781 - 785.

[61] HELMREICH R L, MERRITT A C, SHERMAN P J. Research project evaluates the effect of national culture on flight crew behaviour[J]. Icao Journal, 1996, 51(8):14.

[62] IANI C, WICKENS C D. Factors affecting task management in aviation[J]. Human Factors, 2007, 49(1):16 - 24.

[63] JONES D G, ENDSLEY M R. Sources of situation awareness errors in aviation[J]. Aviation Space & Environmental Medicine, 1996, 67(6):507 - 12.

[64] KRISTENSEN T S, HANNERZ H, ANNIE H, et al. The Copenhagen Psychosocial Questionnaire - a Tool for the Assessment and Improvement of the Psychosocial Work Environment[J]. Scandinavian Journal of Work, Environment & Health, 2005, 31(6):12.

[65] LINTERN G, LIU Y T. Explicit and Implicit Horizons for Simulated Landing Approaches[J]. Human Factors: The Journal of the Human Factors and Ergonomics Society, 1991, 33(4):401 - 417.

[66] LOCKHART J M, KIESS H O, CLEGG T J. Effect of rate and level of lowered finger surface temperature on manual performance[J]. Journal of Applied Psychology, 1975, 60(1):106 - 13.

[67] LOUNSBURY J W, STEEL R P, LOVELAND J M, et al. An Investigation of Personality Traits in Relation to Adolescent School Absenteeism[J]. Journal of Youth and Adolescence, 2004, 33(5):457 - 466.

[68] MARCHANT D C, CARNEGIE E, WOOD G, et al. Influence of visual illusion and attentional focusing instruction in motor performance[J]. International Journal of Sport and Exercise Psychology, 2018:1 - 11.

[69] MCDONALD N, CORRIGAN S, DALY C, et al. Safety management systems and safety culture in aircraft maintenance organisations[J]. Safety Science, 2000, 34(1):

151 - 176.

[70] MEYER D E, ABRAMS R A, KORNBLUM S, et al. Optimality in human motor performance: Ideal control of rapid aimed movements[J]. Psychological Review, 1988, 95(3):340 - 370.

[71] MILNER D, DYDE R. Why do some perceptual illusions affect visually guided action, when others don't? [J]. Trends in Cognitive Sciences, 2003, 7(1):10 - 11.

[72] NEAL A F, GRIFFIN M A, HART P D. The impact of organisational climate on safety climate and individual behaviour[J]. Safety Science, 2000, 34(1):99 - 109.

[73] PALMISANO S, GILLAM B. Visual Perception of Touchdown Point During Simulated Landing[J]. Journal of Experimental Psychology Applied, 2005, 11(1):19.

[74] PAVANI F, BOSCAGLI I, BENVENUTI F, et al. Are perception and action affected differently by the Titchener circles illusion? [J]. Experimental Brain Research, 1999, 127(1):95 - 101.

[75] POISSON R J, MILLER M E. Spatial Disorientation Mishap Trends in the U.S. Air Force 1993 - 2013[J]. Aviation, Space, and Environmental Medicine, 2014, 85(9):919 - 924.

[76] SALMON P M, STANTON N A, WALKER G H, et al. Measuring Situation Awareness in complex systems: comparison of measures study[J]. International Journal of Industrial Ergonomics, 2009, 39(3):490 - 500.

[77] SCHMIDT R A, ZELAZNIK H, HAWKINS B, et al. Motor - output variability: a theory for the accuracy of rapid motor acts[J]. Psychological Review, 1979, 47(5):415 - 451.

[78] STERNBERG R J, WAGNER R K, WILLIAMS W M, et al. Testing common sense [J]. American Psychologist, 1995, 50(11):912 - 927.

[79] SEGERSTROM S C, MILLER G E. Psychological stress and the human immune system: a meta - analytic study of 30 years of inquiry[J]. Psychological Bulletin, 2004, 130(4):601 - 30.

[80] TAFFORIN C, LAMBIN M. Preliminary analysis of sensory disturbances and behavioral modifications of astronauts in space[J]. Aviation Space and Environmental Medicine, 1993, 64(2):146 - 152.

[81] TAFFORIN C, THON B, GUELL A, et al. Astronaut behavior in an orbital flight situation: preliminary ethological observations[J]. Aviat Space Environ Med, 1989, 60(10 Pt 1):949 - 956.

[82] TAYLOR J C, THOMAS R L. Toward Measuring Safety Culture in Aviation Maintenance: The Structure of Trust and Professionalism[J]. International Journal of Aviation Psychology, 2003, 13(4):321 - 343.

[83] VECCHIO-SADUS A M, GRIFFITHS S. Marketing strategies for enhancing safety

culture[J]. Safety Science，2004，42(7):601-619.

[84]　VISHTON P M，REA J G，CUTTING J E，et al. Comparing effects of the horizontal - vertical illusion on grip scaling and judgment: Relative versus absolute, not perception versus action[J]. Journal of Experimental Psychology: Human Perception and Performance，1999，25(6):1659-1672.

[85]　WESTWOOD D A，HEATH M，ROY E A. The effect of a pictorial illusion on closed - loop and open - loop prehension[J]. Experimental Brain Research，2000，134(4):456-463.

[86]　WESTWOOD D A，MCEACHERN T，ROY E A. Delayed grasping of a Müller - Lyer figure[J]. Experimental Brain Research，2001，141(2):166-173.

[87]　WIENER E L，NAGEL D C. Human factors in aviation[J]. Journal of Psychosomatic Research，1988，23(6):1070-1071.